中国名茶谱

杨多杰　著

華中科技大學出版社
http://www.hustp.com
中国·武汉

序 1

多杰2017年出版《茶经新解》，在浙江图书馆举行新书发布会。邀我参加，惜因时间冲突，未能到会。2019年春《茶经新读》出版，我参加了仍在浙江图书馆举行的新书发布会。今新书《中国名茶谱》即将付梓，多杰嘱我为新书作序，虽自感心力文采不足，然却之不恭。更在我读了本书正文之后，觉得该书在记述内容和语言表达上颇有特色，愿意说点看法，与读者朋友交流。

名茶，“产于天者成于人”。首先在于名山名水，即各种名茶生长的独特生态和环境。所谓“茶于草木，为灵最矣，去亩步之间，别移其性”（宋子安《东溪试茶录》）。加之人力精工采制，形成其优异的内在品质。

唐以前，茶“惟贵蜀中所产”。唐代贡茶兴，裴汶《茶述》云：“今宇内为土贡实众，而顾渚、蕲阳、蒙山为上，其次则寿阳、义兴、碧涧、淄湖、衡山，最下有鄱阳、浮梁。”唐代名茶几乎都“出身”于贡茶。常鲁公出使西蕃，在烹茶帐中所见“此寿州者，此舒州者，此顾渚者，此蕲门者，此昌明者，此浥湖者”，均是贡茶。

宋代，经济重心南移，江南成为经济枢纽地带。茶叶产销重心则是东移，江、浙、闽东南茶区的地位超过了巴蜀茶区。宋代名茶以建安为贵，“天下之茶，建为最；建之北苑，又为最”（周绛《补茶经》）。应当注意的是，茶叶散茶还在宋代崛起，时称“草茶”。会稽山日铸茶和黄庭坚老家双井茶最著名。杭州西湖所产白云、宝云、香林、垂云及径山所产诸茶，都已经采制成“露芽”或“苍鹰爪”，并以小口“碧缶”装盛。

明代是茶叶采制加工大变革的时代。朝廷“罢造龙图，惟采茶芽以进”，宋时不入品号的“草茶”登上大雅之堂。明清时名茶追求本色、真香、元味、返璞归真，以自然天成为佳。色贵绿，香贵清，味贵涩而甘。著名的有虎丘、天池、龙井、岕茶、松萝、六安等。

名茶是流淌的，不断演变发展着的。今天所传承下来的历史传统名茶，极大多数源于明清。如顾渚紫笋、婺州举岩、鸦山瑞草魁等唐宋名茶，也非唐宋制法，而是当代芽叶散茶的工艺。尤其自 20 世纪 80 年代以来，全国茶区创制了大批新名茶。多杰《中国名茶谱》所记述的，正是当下广泛流传、品饮众多的名茶，记录的是新时代的名茶。多杰还延伸了“名茶”的概念，把那些身价并不高贵，却有鲜明个性，受到饮者喜爱，如高碎、六安香片也录入谱内，因为它们有很高的名声，所谓山不在高，有名则灵。

名茶，不止是茶，它承载着多样的伴生文化。每一款名茶，都有一个属于它的地域或跨地域的文化生活空间。今天喝茶品茗，越来越多的不仅仅是为了解渴。这项活动逐渐上升为寻求愉悦，交流共享，为诗意地审美，甚或“品”出点哲学的味道来。多杰在书中记述了许多名茶的生活空间和文化故事。如记茉莉花茶，他不讲茶坯、鲜花和窨制工艺，却是从北京的水，北京的三样儿美食，讲出了茉莉花茶为何在北京城中有如此特殊的地位。这些正是这本书的可读之处。再，多杰记述的语言口语化，十分流畅，京味儿十足，读他的文章如相对晤谈。

中国名茶是一本大书，一个永远研究不尽的茶学课题，一个永远写不完的文化题材。

期待多杰再写出续集。

原《茶博览》主编，宋代点茶技艺非遗传承人

阮浩耕

2019 年 6 月 28 日于杭州

序 2

中国名茶，是在千余年中国茶业发展历程中逐渐形成的。因此，它有着丰富的文化内涵。在一个个的品名之上，承载着中国茶叶科技的发展和历史文化的积淀。

随着改革开放的发展，中国人民的生活水平都有了很大的提高。“旧时王谢堂前燕，飞入寻常百姓家。”过去只供文人墨客品饮的珍稀之物，如今大家都能一睹芳容了。这在我从事茶学工作之初的年代，还是难以想象的事情。当下大众在品饮之时，就有了解茶的需要。因此，多杰同志撰写了这套《中国名茶谱》。满足了读者这方面的需求。

多杰在茶文化研究上每每与我交流，他大多数的观点我是赞同的，有些不同的看法，我也直言不讳。多年来，多杰的讲课和书稿形成了自己的风格，联系社会实际，语言活泼、诙谐、犀利。这是他能把传统文化与年轻人拉近的原因之一。但也因此在个别表述中出现问题。如“老白茶”和“白茶饼”是当前关于白茶的热门话题，但它们不能算传统意义上的“名茶”；“高碎”是北京百姓十分喜爱的茶品类，但也不在传统“名茶”之列。以此来看，多杰同志的这册《中国名茶谱》的视野更广，并未拘泥于传统的名茶定义当中。

本套丛书的编排，著者与出版者是动了脑筋的。每辑收录一类茶的名茶，便于读者按类寻检，同时，如果再有需要，仍可继续编著出版。

谨此为序。

原农业部专家组专家，中国农业出版社编审，

南京农业大学人文社会科学学院兼职教授，华侨茶业发展研究基金会顾问

穆祥桐

2019 年 6 月于望京茗室

序3

杨多杰先生在北京人民广播电台策划并讲述茶文化栏目已有数年。他还在互联网上开课讲解茶学经典，普及茶文化知识。我在京出差时，有机会一晤，实为他的好学和丰富阅历折服。

近日，老友穆兄说多杰先生新作《中国名茶谱》即将付梓，邀我为之作序。我深感惶恐，惟虑言之不切，让广大读者失望。遂要来原稿静心拜读，洋洋洒洒十余万字，他将中国茶叶市场上近年流行之白茶、乌龙茶、普洱茶、茉莉花茶等三十种花色商品茶现状详尽介绍。

难能可贵的是，杨先生近年多次深入各名茶原产地，查阅各种史料，把所列茶品之历史沿革、制法演变、品质特征、冲泡品饮要点及与之相关生活、文化轶闻趣事细细道来，增加了阅读与品茗情趣。并集知识性、趣味性、可读性于一身。以一个文化传布者之独特视角，向广大读者宣传了茶的知识。说实在话，在当今信息飞快传布，鱼龙混杂，真假难辨的网络世界，广大年轻或老年读者都十分渴望得到自己需要的“真实”的那部分信息，而网络茶市“天价茶”与“9.9元包邮”竟可并驾齐驱，在各类名茶已虚有其名的态势下，连我们这些事茶五六十年的“老茶客”也自叹功夫不济时，慕名不如求真，努力用自己的感官去认识和鉴别你所珍爱的好茶才是正道。

俗话说：“物以类聚”。中国茶也是早有分类的，现在举世公认的茶叶分类体系以已故安徽农业大学著名茶学家陈椽（1908—1999）先生的制茶方法分类体系为基础，即“六大茶类”分类体系。他在《茶叶分类的理论与实际》一文中写道：“茶叶种类的发展是根据制法的演变。这个茶类演变到那个茶类，制法有很大的改革。这要经过相当长的历史时期，茶叶品质也不断变化……由量变到质变，到了一定时期，就成为一种新的茶类。”今天公认的“六大茶类”，就是陈先生在20世纪用化学定量分析方法分析了绿茶、乌龙茶、黑茶等因制造中儿茶素类氧化聚合程度不同而产生色素变化提出来的。尽管尚不能涵盖全部茶类花色，但也能反映茶鲜叶加工（初制）半成品的实际，具有重要茶学指导意义。

由于“吸眼球”的不二选择，“名茶”这个词是有吸引力的。不过，读了多杰先生《中国名茶谱》全文后，我倒觉得此书早已超过为名茶“续家谱”的范畴，称之为《网红茶之今昔》似乎更好。当否，请酌。如不嫌弃，是以为序也罢。

教授，博士生导师，原西南大学茶叶研究所所长

刘勤晋

2019 年 5 月于北碚晋园

自序

自 2018 年开始，我在北京人民广播电台开设了一档小专栏。

每周日的下午五点到七点，专为爱茶人讲述中国名茶文化。

时间飞快，一转眼就已讲了数十期节目。

有的听众留言问我：多杰老师，很爱听中国名茶的节目，想问问还能讲多久呢?

答：可以一直讲下去。

其实不是我能讲，而是中国名茶能讲的太多了。

据前辈学者考证，唐代有名茶 55 款，宋代有名茶 93 款，元代有名茶 50 款，明代有名茶 58 款，清代有名茶 42 款。

中国名茶之种类，不可谓之不多。

中国名茶之历史，不可谓之不久。

新中国成立之后，名茶的研究工作也从未停止过。

1979 年，知名茶学家庄晚芳先生就与新华社浙江分社记者唐庆忠、浙江省特产公司唐力新、中国农业科学院茶叶研究所陈文怀、浙江省农业厅王家斌合作，编写了《中国名茶》（浙江人民出版社）一书。

该书共收录名茶 48 种。每一款茶，皆以一篇散文的形式进行介绍。文章开头的茶名一律用书法题字，正文内不时搭配手绘插图，兼具学术性与艺术性。

毫不讳言地讲，庄晚芳先生等人合著的这本小册子，是我关于中国名茶的启蒙读物。

1982 年，茶学前辈俞寿康先生主编了《中国名茶志》（农业出版社）一书。该书共收录名茶50种。每一款茶，皆按照产地、品质、采摘、制法的顺序进行介绍。对于全面介绍名茶的文化与制作，有着深远的意义。

2000年，茶学家王镇恒先生主编了《中国名茶志》（中国农业出版社）一书。该书共收录名茶1017种，设专条介绍的名茶就有309种。资料详备，无出其右。

2005年，骆少君、穆祥桐主编了《中国名茶志丛书》。该丛书先后出版了《凤凰单丛》《铁观音》《名媛双姝——金骏眉、金针梅》《武夷正山小种红茶》《名山灵芽——武夷岩茶》《政和工夫红茶》《宁川佳茗——天山绿茶》等多本专著。为名茶著书立说，可谓功不可没。

前辈学者的研究成果扎实而详尽，为后辈学人的研究提供了坚实的基础。

但笔者在写作《中国名茶谱》一书时，却一直在思考着一个问题：时至今日，到底什么茶算是名茶？

关于名茶，俞寿康先生编著的《中国名茶志》一书中有着非常明确的定义。此书于20世纪80年代之后就未再版，因此罕有人读。特抄录俞先生定义名茶之原文，与今日读者共享：

1. 与一般商品茶相比，在色香味形上有显著的区别，具有独特的品质风格，既是高级茶饮料，还有欣赏价值。

2. 在历史上或现今，为广大消费者所知名，且获得部分消费者的赞赏与爱好。

3. 产茶地区茶树生态条件优越，有的产于名山名胜风景地区，大多为优良品种茶树的芽叶所制成。

4. 特种地方名茶，产地有局限性，采制有时间性。

5. 其命名或造型上，带有地方性、文艺型、工艺性以及宗教意识。

6. 细选精采，精工细制，采制作业上有严格的技术要求和标准，产品质量能保持一贯的传统品格。

不得不承认，四十年后看这样的论断，仍具有提纲挈领般的作用。

《中国名茶谱》一书的写作，很大程度上也秉承了寿康先生关于名茶的定义。

与此同时，笔者认为关于“中国名茶”的定义仍需考虑到当下的茶文化特色。

毕竟，每个时代都应有属于自己的名茶。

自 20 世纪 80 年代至今，是中国茶发展最为迅猛的阶段。

这样的时代背景下，中国名茶文化出现了三大特色，即：多样化、大众化与口碑化。

因牵扯到本书的构思，所以简要说明一二。

多样化

所谓名茶的多样化，是指饮茶品种的变化。

中国茶产业中，绿茶一直占据着绝对大宗的地位。

因此，上述前辈关于中国名茶的学术论著中，也无一例外的让绿茶唱了主角。

就以俞寿康先生编著的《中国名茶志》为例，其中收录绿茶 34 款，占全书收录名茶总数的 68%。

王镇恒先生主编的《中国名茶志》，收录的 1017 款名茶中绝大多数也是绿茶。

20 世纪 90 年代的北京，别看惯饮的是茉莉花茶，可最高档的茶礼却莫过于龙井与碧螺春。

一般百姓家庭喝不到也喝不起，但却知道是珍贵的名茶。

若是真拿出一罐子大红袍或铁观音，大部分人反而不识货。

就更不要说普洱或是六堡这些边销或侨销茶了。

但时至今日，爱茶人的茶柜里，可谓是六大茶类齐备。

小众的白茶，开始被大众接受。

边销的黑茶，开始走内销路线。

生僻的乌龙，开始变热销品种。

饮茶习惯的巨大变化，与信息传播的便捷以及物流运输的发展密不可分。

基于这样的考虑，《中国名茶谱》中选取白茶、乌龙、黑茶、再加工茶等多被早期名茶研究者忽视的茶种类进行书写，以求达到补白之效。

至于前辈学人多有论述的绿茶与红茶，反倒是未收录本册之中。

待有机会，再续写一册不迟。

大众化

所谓名茶的大众化，是指受众群体的变化。

曾几何时，名茶绝不是寻常百姓可以享受的。

笔者曾收藏有一只民国时期北京正祥茶庄的茶叶罐。上面写道：

“著作家饮茶，文思如潮。歌剧家饮茶，喉润音清。交际家饮茶，清谈助兴。法律家饮茶，雄辩不倦。”

作为一段广告语，不可谓之不精彩。

但反过来一琢磨，这段话也道出了一份真谛：饮用名茶都是某某家的专享，与寻常百姓没有半点关系。

随着经济的发展，现如今品饮名茶成了大众都可以参与的一种生活享受。

“昔日王谢堂前燕，飞入寻常百姓家。”正是中国名茶命运的真实写照。

了解名茶，也不仅是茶学工作者的工作。

了解名茶，也已成为饮茶爱好者的需求。

因此笔者撰写本书时，脑子里总模拟着北京人民广播电台直播间的场景。

力求通俗易懂，不免深入浅出。

若是读起来不够深刻，还请茶界同仁莫怪。

口碑化

所谓名茶的口碑化，是指评判标准的变化。

新中国成立之后，商贸部、农业部以及各省农业主管单位，都曾举办过名茶评比的活动。

由专家学者汇聚一堂，评比出质优味美的名茶，这对于中国茶产业的发展有着积极的促进作用。

这样专业化的名茶评比，要从采摘标准、制作工艺、口感味道等多个角度进行。

反过来讲，要想成为官方认可的名茶，以上条件缺一不可。

在这样的情况下，许多大众喜爱的好茶却因种种原因未能入选，变成一桩憾事。

例如福建白茶，历来只有银针可以入选，而寿眉、贡眉乃至于白牡丹都只能名落孙山。

再如湖南黑茶，历来只有天尖勉强入选，而千两、茯砖、黑砖等品种皆被排除在外。

爱茶人饮茶，与专家评茶不同。

茶汤顺口，制作卫生，哪怕原料粗些卖相差些，仍是爱茶人心中的好茶。

基于这样的考虑，笔者撰写《中国名茶谱》时斗胆扩大了名茶的范围。

将寿眉、茯砖、六堡、高碎、香六安、六安骨等非传统意义上的名茶也加入其中。

这些茶，输掉了评比的奖杯，却赢得了大众的口碑。

这些茶，牺牲了炫目的卖相，却换来了可口的茶汤。

这些茶，未尝不可称之为名茶。

这些茶，起码是爱茶人心中的名茶。

《中国名茶谱》，便是要写爱茶人心中的名茶。

笔者撰写本书的数年间，得到了多位前辈学者的支持。特别是西南大学刘勤晋教授、原《茶博览》主编阮浩耕老师以及中国农业出版社编审穆祥桐老师，更是给予了大量指导与启发。

值得一提的是，三位茶界宿老都与中国名茶研究工作渊源颇深。

刘勤晋教授，早在20世纪90年代便撰写了《名优茶加工技术》（高等教育出版社）一书。起印量即20000册，后又多次加印，影响可谓深远。阮浩耕老师主编《茶博览》杂志期间，更是向全国爱茶人介绍了大量的名茶文化。穆祥桐老师则与原中华全国供销合作总社杭州茶叶研究院院长骆少君研究员一起，发起并主编了《中国名茶丛书》，出版了一系列关于中国名茶的高水平书籍。

如今三位老人屈尊拨冗，为《中国名茶谱》撰写书序，再次深表谢意。

我的学生施雨欣，如今就读于美国纽约视觉艺术学院。在本书的装帧设计方面，她颇花费了一番巧思。另一位学生张莉，则于文稿整理及资料收集上做了很多工作。再此也一并致谢。

新书出版在即，依照惯例总该写上几笔。但三位茶学前辈的书序在前，再写仿佛也是狗尾续貂而已。

只是想借此机会，将自己关于中国名茶的一些思考，与海内外的爱茶人交流。

便以此为序吧。

杨多杰

2019 年 7 月于北京

目　录

第一辑·白茶

第二辑·闽台乌龙

第三辑·黑茶

第四辑·再加工茶

第一辑·白茶

白毫银针

冬去春来，每个爱茶人都心心念念着一杯明前茶。

我自然也不例外。

但我喝明前茶有个怪癖，那就是尽量不喝明前绿茶。

其实“怪癖”二字，还是给自己解嘲的托词罢了。明前绿茶太贵，这才是真正的原因所在。记得 2017 年的春天，明前龙井在北京某老字号里卖到了每市斤 8888 元的价格。

我偷偷算计了一下，以每天喝 5g 茶来计算，一天也要消耗近百元人民币。

想来想去，还是没舍得下手。

当然，老字号卖的还是货真价实的产品。至于市面上用西南茶青来冒充的江南明前茶，那真是大煞风景了。每年都会有学生或是朋友，拿着各种明前绿茶来请我“鉴定”。

我要是愣劝人家不要在意仿冒品，那纯粹是站着说话不腰疼。毕竟是这么昂贵的东西，对于其出身、来历免不得纠结与在意。

本来简单到极点的喝茶，竟然变成了严峻挑战。人们总是怀着惴惴不安的心情去喝明前绿茶，生怕花了请李逵的钱，请回来的却是李鬼。

一杯茶汤，扑朔迷离，悬疑十足。

白毫银针·干茶

口腹之乐，竟然演变成了头脑考验。

饮茶乐趣，荡然无存。

更何况，若是单论滋味，我还是更爱雨前绿茶的汤感饱满，清甘隽永，耐冲禁泡。

因此，喝绿茶我避开清明，而单等谷雨前后。

真吃货，嘴刁。

伪吃货，嘴急。

其实明前茶的概念，适用于江南茶区。浙江、江苏、安徽几省，头批茶大致就是这时上市，因此尤为珍贵。可其实清明前后，若是从江南移步到华南，你会发觉其实茶山早已挂绿。

因此，我家中的“明前茶”多是来自华南茶区的白茶上选——白毫银针。

白毫银针·萎凋

白茶，产在福建省福鼎、政和、建阳一带，属华南茶区。若单论规模与质量，则又首推宁德市下面的福鼎。这里地处华南，大地转暖回阳偏早。到了清明节前二十天，这里的茶区就已经开始忙活上了。

每年我都要到各茶区转上一圈，看望一下各地的良师益友。而访茶之旅，第一站往往就是福鼎。福鼎地处闽北，绝对算得上是福建最幽美的佳土之一。出了市区，便有美景。山水清旷，田畴亲人。房子与茶园，永远相邻。每逢春季，远山葱绿，时在眼帘。加之溪水清澈蜿蜒，将茶园、村舍钩连在了一起。景物对望，各成其美。

福鼎所种茶树，以福鼎大毫为主，兼具有福鼎大白、菜茶、土茶、福云六号等品种。刚一开春，茶树上已布满了碧油油、绿茎玉蕊的嫩芽了。微风摇曳，隐蕴菁香。这里的茶农，从清明之前一直可以采茶到立夏前后。

依据采摘标准不同，分别制成白毫银针、白牡丹与寿眉。

其中白毫银针采摘时间最早，标准也最为苛刻，制成一律都在清明节之前。

每年春季尝鲜，我就全指着它了。

在白茶里，属银针价格最高。但若说和高档绿茶比，那银针又算是平民廉价之物了。

这些年，白茶市场认知度提高，当地茶商也想给白茶再提提身价。于是乎，有人拿着宋徽宗《大观茶论》言之凿凿地说："白茶历史已有千年之久！"

随后，大家又在另一部宋代茶书《宣和北苑贡茶录》里，找到了一种名为"银线水芽"的贡茶。

于是乎，茶商又兴奋地说，"银线水芽"就是"白毫银针"的前身嘛。

这样愣拉着宋徽宗给白茶代言的做法，未免有点牵强附会了。

《大观茶论》中，确有"白茶"一章。但其中记载的茶，实际上是一种"蒸焙"而成的绿茶。与今天意义上的白茶，不管是在树种上还是在工艺上，都有着天壤之别。

福鼎白茶，绝非宋代白茶。

商人的宣传虽然牵强，但我建议大家也不妨读一读关于宋代白茶的文字。《大观茶论·白茶》记载：

"白茶自为一种，与常茶不同，其条敷阐，其叶莹薄……须制造精微，运度得宜，则表里昭澈，如玉之在璞，它无与伦也。"

虽然时隔千年，但似冥冥之中自有定数。同在东南茶区，皆是白茶之名，两者在审美上竟也有相通之处。

《大观茶论》这段文字不可做广告语用，倒成了爱茶人欣赏白毫银针的提纲。

白毫银针之美，一曰精，二曰轻。

这里的精，说的是采制手法。刚开始采茶时，茶农的心气儿高。憋了一冬的劲，一下子都用了出来。采茶不怕费工费力，却一定要按顶级标准行事，争取把茶青卖个好价钱。因此初春的白茶，一律采的是米粒般大小的芽头。

采银针的活我干过，绝没有文字这样轻描淡写。采摘时，需手持芽梢基部，另一手将芽梢中的鱼叶和一片真叶轻轻剥下，留下长梗和肥芽。这样的手法称为“剥针”，采下来的茶青则一律称“鲜针”。剥针时动作一定要轻柔且利索，忌讳损伤芽针。

世人皆认为采茶算是粗活，殊不知却要一等一心灵手巧的人才能胜任。

由此制成的干茶，满披白绒，色泽银灰，似针若剑，因而才得名——白毫银针。

说过了采制之“精”，我们再来聊聊白毫银针口感之“轻”。

长久以来，人们一直以为绿茶就算是口味很轻的茶了。但实际上，由于未经锅炒或蒸汽杀青，所以白茶口感，又要比绿茶再轻上几个层级。

白茶之轻，在先采先制的白毫银针上体现得最为明显。

只是长期以往，白毫银针名不见经传，倒让绿茶窃据了茶界小清新的位子。

既然银针味轻，那想必就该用 80℃的水来冲泡吧？

其实，大可不必。

白毫银针，还是要用 100 ℃沸水冲泡风味最佳。

说起沸水泡嫩茶的原理，我可以从吃货的角度给大家解答。

每次到粤港澳出差，晚上总要从酒店偷溜出来，去路边吃一锅广式生滚粥。

粥店里总有一大锅煮得绵滑的粥底，待客人点菜后，老板就另用小铁锅盛几勺粥翻煮至滚热，再按需要加入滑鸡、鲜鱼片、猪肝、猪血、肉丸等食材稍煮，最后撒上葱花或生菜丝便可上桌。

福鼎·太姥山

鲜香清润，至今想起来都让人流涎。

北京的粤菜馆子不少，但做的总是不得要领。粥底不烧得滚烫，食材下锅的一瞬间，就难以激发出鲜香之气。盛上桌来，食材味道混杂，那才真叫乱成一锅粥了呢。

鲜活，永远与滚烫挂钩。

沸水冲泡银针，就是这个道理。

先以茶与水 1 ： 30 的比例，计算好银针的投放量。记得用带有温度的茶器，来承接初春的白毫银针。干茶入器，顿觉银针特有的“毫香”四溢。

你要问毫香是什么？有人描述为豆子的气味。我倒是觉得，浓郁的毫香类似于巧克力轻焙一下的气息。仁者见仁，智者见智，反正你不要忘记嗅一嗅银针的干香就是了。

相信我，那绝对称得上是一种美妙的享受。

第一冲注水后 15 秒内出汤，得到的几近透明的汤色。轻啜一口头道银针茶汤，似茶非茶，但又绝不是白水。再喝一口，不禁觉得舌头两侧生津。错不了，这正是山中清泉甘冽之味。

中国茶千百种，喝起来像清泉般轻柔甘顺的却只有白毫银针了。

白茶属于重萎凋、轻发酵的品种，因此茶汤中滋味析出较慢。与绿茶不同，别看银针细嫩，但自第二冲后你不用急着出汤了。有人说，这么细嫩的茶会不会泡苦了。可其实，甘中微带白茶自身的轻苦，令其柔和的茶汤中，带有一袭冲劲儿。这杯银针茶汤，才算是真的泡到位了。

即使带着微苦的茶汤，我身边的很多朋友还总是埋怨它实在是太淡了。诚然，现代人的口味越来越重。以至于，对于茶叶的审美也偏向于“重香厚味”的种类。

六大茶类中，以白茶最淡。

白茶中，则又以白毫银针首当其冲。

在常喝生普洱、大红袍的人眼里，白毫银针可能真是寡淡如水了。

白毫银针，怪不得卖不上价钱。

中国汉字，奥妙无穷。所谓“品”字，由三个口组成。

有人解释说，一杯茶不可一饮而尽，分三口喝下去才叫“品茗”。

可对于“品茶”，我却另有一种讲法。

一些口感细腻的茶，可能是你到第三口时，第一口的味道才慢慢显现出来。

所谓“浓强”之茶，其实是味道冲口直接。而所谓“寡淡”之茶，其实是韵味吐露较为缓慢，需静心体会就是了。

我们习茶，不就是为了发现生活中细微之处的美感吗？那淡而持久的毫香、若隐若现的轻甘，不正是我们应去捕捉的细节之美吗？

认真泡一杯银针，沉心静气地饮上三口。

《大观茶论》中所讲“表里昭澈，如玉之在璞，他无与伦也”的美感，可能就自现于茶汤之中了吧？

白牡丹·干茶

白牡丹

白茶，按照采摘标准来分类，大致有白毫银针、白牡丹、贡眉、寿眉几种。在这其中，我个人最为偏爱的是白牡丹。究其原因，可能是此茶最符合儒家倡导的“中庸之道”吧！

先说采摘标准，白牡丹不高也不低。既不像白毫银针那般奢华，只取细嫩初熟的芽头，也不像寿眉那样过于潇洒，几乎是全叶无芽，枝枝杈杈。白牡丹，以一芽一叶或一芽二叶为采摘标准，刚好是取在两者中间。

采摘标准，很大程度上影响着成品茶的价格。银针自不用说，算是

宋代·牡丹纹梅瓶

白茶中的贵族。质优价高，以至于我平时都舍不得喝。大多只有在心情坠入低谷时，才“狠心”沏一壶银针，权当是给自己的慰藉了。

其实比起名优绿茶，白毫银针也算不得高价。只是我太吝啬，看官莫怪。白牡丹的价格，一般在银针的三分之二甚至一半左右，算不上什么昂贵的茶品。

白牡丹，让人畅饮无负担。

鲜叶不同，成品茶的风味自然也有差别。白毫银针单芽无叶，口感清新鲜爽，外带着一股子独特的毫香。寿眉大叶无芽兼具嫩梗，细腻的毫香也被青叶的冲口香气完全取代。白牡丹，采摘标准是芽叶相间。因此冲出的茶汤既有若隐若现的毫香，汤水里又有青叶厚重的味道作为支撑。

每当我站在茶柜前，犹豫是喝银针还是喝寿眉时，那干脆就喝白牡丹。准没错！

上世纪七十年代·向阳花牌白牡丹茶罐（作者自藏）

白牡丹这种两头讨好、四方周全、八面玲珑的口感，让爱茶人想不喜欢它都难。

不光是物有所值、口感独特，白牡丹的茶名也颇为优雅。

牡丹在中国，可谓是老少皆爱。有一次，我在北京一所老年大学讲课。听课者大多数也都选修了国画课程，恰逢国画课结业画展，我便顺道欣赏了一下这些“70 后”学生的作品。（笔者按：老年大学听茶课者，多七旬开外，因此他们自称“70 后”。）

结业画作以花卉题材为主，而十之八九画的都是牡丹。构图结尾，还一定要写上一句刘禹锡的“唯有牡丹真国色，花开时节动京城”。问起为何都画牡丹？得到的答复是：牡丹花热闹吉庆，裱起来挂在家里最合适。国人对于牡丹的喜爱，由此处可见。

因此很多人看见白茶中白牡丹的名字，心底就先多了三分喜爱，这便是文化的潜作用。

关于白牡丹茶因何得名，夏涛在其主编《制茶学》中写道：

白牡丹，外形芽叶连枝，两叶抱一芽，叶态自然，形似花朵，故称白牡丹。

读完这段文字，我又仔细观察了一下手里的白牡丹干茶。可能是想象力限制了认知，可我确实没看出哪里像花朵啊！

陈宗懋主编的《中国茶叶大辞典》中“白牡丹”条，与《制茶学》里的说法又不相同。其中写道：

白牡丹，产于福建建阳、政和、松溪、福鼎等县的叶状白芽茶。因绿叶夹银白色毫芽，形似花朵，冲泡后绿叶托着嫩芽，宛若蓓蕾初开的白色牡丹而得名。

宋代·牡丹纹瓷枕

白牡丹・萎凋

这次讲的不是干茶，而是说冲泡过的茶叶像白色牡丹花。

但是，我仍觉得此说法略显牵强。

身为北方人，我本认不得多少花草，但是北京各大公园遍植牡丹，因此我对这种花还真算不上陌生。牡丹艳而不俗，花大而瓣多。色彩多样，却总是嫩黄蕊心点缀其间。形状色彩，亦秀丽可观。

由于花态丰盈，牡丹多得唐朝人喜爱。白居易任钱塘太守时，携酒赏牡丹，诗人张祜曾有诗云：

浓艳初开小药栏，人人惆怅出长安。

风流却是钱塘寺，不踏红尘看牡丹。

由此可见，乐天居士对于牡丹花的眷恋。

唐玄宗天宝年间，杨贵妃在沉香亭赏木芍药，李白作清平乐三章。后来“云想衣裳花想容”一组，更是被邓丽君配曲翻唱，听的人如痴如醉。

殊不知那杨贵妃赏的“木芍药”，就是牡丹花。

说罢了唐代朝野为之风靡的牡丹花，回过头再看白茶白牡丹。芊芊玉体，哪里有一丝雍容丰满之态？不管是干茶还是叶底，都不像牡丹花。

其实，白牡丹的“牡丹”并非世俗的牡丹花，而是艺术领域的“牡丹纹”。

我国瓷器中，很早就开始将植物纳入到纹饰范畴。牡丹一枝怒放，比起细碎的梅花更多了三分霸气。大开大合，繁花似锦的造型，也深得游牧、渔猎民族的喜爱。因此“牡丹纹”在辽金元时期得以广泛应用。

故宫博物院藏辽白釉刻牡丹纹皮囊壶，辽宁博物馆藏白釉刻牡丹盘口瓶，内蒙古博物馆藏牡丹纹大罐，上海博物馆藏牡丹纹无颈罐，都是辽金时期“牡丹纹”纹饰瓷器中的精品。这种对于“牡丹纹”的喜爱，一直延续到了明清。牡丹纹，也成为中国瓷器中最为经典的纹饰之一。

喜欢喝白牡丹的人，到博物馆一定不要错过各类牡丹纹饰的古代陶瓷艺术品。经过艺术抽象处理过的“牡丹纹”，隐去了艳丽的花色，只以曼妙娇柔的线条示人。白牡丹茶，嫩叶护娇芽，也是纤细柔弱。两者相较，惊人相似。

由此，我大胆推测，白牡丹茶名灵感来自于中国瓷器中的“牡丹纹”。

因此虽以“牡丹”为名，但白牡丹却丝毫没有牡丹花的性子。

现实中牡丹花娇嫩，怕冷又怕热。苏轼就曾说：“应笑春风木芍药，丰肌弱骨要人医。”可事实上，白牡丹茶是既不怕热也不畏寒。

我爱白牡丹，也因为它这种极好的性格，绝不需人特殊照顾。将白牡丹抓一把丢在壶里，顺手将刚刚烧开的沸水直接注下去，压盖闷上一会儿出汤即可。没看错，水不用刻意放凉，手法上也不必快进快出。至于味道如何？喝一口泛着杏黄的白牡丹茶汤便知。

有时候在茶山，根本没有烧水泡茶的条件，但又常常茶瘾难耐。于是乎上山劳动前，就先将瓶装矿泉水拧开，随手塞几撮白牡丹进去，再拧紧瓶盖收入书包。等待午休时，拿出来一早“冷沁”的茶汤饮用，清逸浥润，别有风味。那可说的上是“一盏寒浆驱暑热，令人长想白牡丹”。

白牡丹，热泡冷沁两相宜。

不光热冲冷泡皆可，白牡丹还适合与其他茶拼配饮用。今天茶界谈“拼配”而色变，但我却单单痴迷此道。经过我长时间摸索得出的经验，白牡丹与红茶搭配最为天衣无缝。以三白七红的比例拼配，冲出的茶汤颇能给人惊艳之感。

巧妙利用白牡丹的鲜灵，衬托出红茶的香柔味永。别看是“拼配茶”，暗香送馥，清隽飘扬，亦可称神品。

当然，白牡丹性子温和，与各路名茶合作，少有格格不入之事。因此，白牡丹拼配可作为一个趣味课题去研究，有待于各位习茶人的努力了。

聊了这么多白茶中的白牡丹，不禁又让我想到了京剧四大名旦中的荀慧生。荀先生在舞台上最善于塑造小家碧玉的角色。恰巧，他的艺名就是“白牡丹”。

著名画家刘海粟曾评价荀慧生：“技法如铁线白描，风格人情均在人中。”剧作家曹禺则说荀“娇柔妩媚，洒脱自然”。荀先生自己也曾讲，他所演的人物是“普通女孩子，只是天真活泼，不摆谱，不摆小姐架子”。这每一句话，放在白茶白牡丹身上，不也都很贴切吗?

荀慧生先生以“娇柔妩媚，洒脱自然”的艺术，位列中国京剧四大名旦之一。

我不奢望白牡丹能名列中国十大名茶。

只是也盼望着，有越来越多的人能懂得欣赏“白牡丹”的美。

寿眉 · 茶青

寿眉

认知白茶前，觉得绿茶工艺就够简单的了。但是白茶有“不炒不揉”的特点，工艺自然也要更简洁三分。

六大茶类中，制茶工序最为简约的要数白茶。

当下的白茶，大致可分为白毫银针、白牡丹、寿眉等几个等级。

这几类白茶，制作工艺大同小异，只是在采摘标准上有些差别。

银针采的最早也最麻烦，只选取单一芽头。

牡丹采摘紧随其后，选的是一芽两叶甚至一芽一叶的茶青。

只有寿眉最为随性，一根软枝带着两三片叶子一起摘下来，带芽最好，没芽也行。

白茶制作步骤本身已够少的了，寿眉又在采青环节做了减法。

如此算来，寿眉可能是制茶工序最为简单的茶品了。

寿眉制茶工序看似不难，但处处体现的却又是白茶制法中“简约而不简单”的严谨风格。

先说萎凋，它是白茶制茶法中的核心环节。嫩草枯萎与鲜花凋谢，都是常见的自然现象。二者合在一起，便是制茶中所讲的萎凋环节了。所谓萎凋，实则即是让鲜叶大量失水的过程。寿眉虽在采摘上看似“粗狂”，但在此环节的操作上却是一丝不苟。

有的人可能会说，萎凋不就是晾晒茶青吗？这有何难？如果你觉得守着铁锅炒茶才算辛苦，那请来福鼎试试看吧。跟太阳合作制茶，那又是另一番滋味了。

寿眉 · 干茶

澳门龙华老茶楼一角

制白茶的辛苦，在于太阳不是理想的工作伙伴。最为上等的白茶，萎凋环节要依仗阳光普照。怎奈太阳总有小孩脾气，阴晴不定，让制茶人伤透脑筋。

福鼎的核心茶区全在山上，气候变化极大。有时候采茶时阳光明媚，涂三层防晒霜都不够用。但等到做茶时，这阴雨就绵绵不绝了。一下雨，茶青就全得撤回屋里。采回来的茶青，须均匀摊放在竹篾之上。寿眉茶青粗枝大叶，还特别占地方。像单人床铺大小的竹篾，一次能摊晾的寿眉茶青不过数两而已。因此阴天下雨，就有数百件竹篾需要“抢救”进屋。

可当你刚刚安顿好这些竹篾，外面天气竟又转阴为晴。于是乎，大家又忙着把刚搬进屋的竹篾再搬出去。有时候一天反复数次，让人哭笑不得。

好在如今是科技昌明的时代，现代设备的介入使得制茶更为简单。

如今白茶工厂，多要搭建阳光房，即房顶用透光材料制成的大屋。摊凉在其中的茶青，可以三百六十度无死角地享受日光浴。即使风云突变，也不用费时费力地搬挪茶青，自有透光不漏水的屋顶帮它们遮风挡雨。

若是连着三四天的阴雨天，那阳光房也抵挡不住了。虽然不担心茶青淋雨，但室内潮湿的环境还是不利于萎凋的进行。一不留神，茶青还有发霉变质的风险。我上课时，曾用了“阴雨天晾袜子”这样粗俗的比喻，倒是也引起同学们的广泛共鸣。

遇到这种情况，寿眉茶青就一律进入带有控温、控湿设备的萎凋室。以科学的手段，模拟晴好北风天，进行48小时足时的萎凋。制出茶的效果，与日光萎凋一般无二。寿眉茶，为白茶中的大宗产品。动辄数吨的生产量，若没有阳光房与萎凋室作技术保证，便都是纸上谈兵了。

现在动辄强调“纯手工”“全古法”的口号，只怕单单是一种商业宣传罢了。

“古法”应成为制茶的灵魂，而非束缚、牵绊甚至噱头。

萎凋之后，将寿眉收拢归堆，进行轻微发酵。此过程较为隐秘，饮茶人多不知，制茶人也就不做了。但白茶味轻淡，恰恰需要归堆的过程。像寿眉茶后面转化出的“醇和”口感，基础就由此而来。

反言之，若非中规中矩制作之茶，也无存放之价值。

茶做到这里，脱水仍不够。等到晴天时，还须将白茶拿出来二次日晒。从而，再进行烘干或焙干。既祛除多余水分，便于久存，同时也提增香气，营造出白茶独有的口感。

白茶制茶法之考究，在寿眉中可窥一斑而见全豹。

白茶工艺到底何时何地由何人发明？至今已难考证。但可以肯定的是，到了明代晚期就出现了“类白茶工艺”的记载。田艺衡《煮泉小品》中记载：

“芽茶以火作者为次，生晒者为上，亦更近自然，且断烟火气耳。

生晒茶沧之瓯中，则旗枪舒畅，青翠鲜明，尤为可爱。”

田艺衡是明代著名茶人，他的茶学著作一扫晚明互相抄袭的恶习，能做到言之有物。这段文字，虽然没有点明“白茶”两字，但句句讲的都是白茶的工艺和口感。

除此之外，明代高濂在《遵生八笺》里也记载道：

“茶团茶片皆出碾硙，大失真味。茶以日晒者佳甚，青翠香洁，更胜火炒多矣。”

由此可见，在晚明之际兴起了一股崇尚自然的制茶之法。

若说银针、牡丹还在茶叶条索上存在些许矫情的话，寿眉则真正算得上是明代田艺衡笔下“断烟火气”而“更近自然”的茶品了。

当年的寿眉新茶，远望色泛墨绿，近嗅气透清凉。寿眉干茶中“高级毫香”踪迹不见，代之以一股雨后树林中才会泛起的清香。花香？草香？还是苍松翠柏之香？说不清！闻过有沁人心脾之感就是了。

注水如器，嫩绿初舒。照日通明，时浮翠色。静观片刻，又是另一番享受。出汤入杯，啜饮三口，鲜腴潮舌。此刻才知《遵生八笺》中“青翠香洁”四字所言非虚。

比起银针的清雅，寿眉茶汤中多了几分山野村夫般的烈性。新茶微带青涩，但久品必能回甘。很多人对寿眉欲罢不能，冲的就是这股子野劲。煮水泼茶，喝起来总是大呼“过瘾”二字。

众所周知，白茶可久存。寿眉，因物美价廉而最受“存茶控”的欢迎。如今市场上常有老寿眉出售。实话讲，多不可靠，倒不如自存自饮来的安心。

有些年份的寿眉，可先泡后煮，自出两种味道。如嫌弃寿眉大叶老梗，唯恐泼之不动，也可入水煎成，自有奇味。

热气腾腾的寿眉茶汤，色如淡金，清而不醨，浓而不酽。更为有趣的是，茶汤里自带着一股大枣香气。这可是银针、牡丹这些“高级茶”，放上十年八载也达不到的效果。

寿眉虽好，却是真正的名不见经传。

即使在 2008 年白茶国家标准中，也是只有贡眉而无寿眉。

为此事，我曾特意请教过北京市茶业协会副会长梁成钢老师。梁老师制白茶多年，也与福鼎很多茶界前辈交往甚密。据说是当年制定标准之时，福鼎与政和两地曾有争议。政和白茶中，并无制作寿眉的传统。因此双方折中，便是只提贡眉而未记寿眉了。此说可作一家之言。

除此之外，我想也与当时人们对于好茶的评判标准有关。长久以来，人们将“茶青细嫩”作为名优茶评判的重要标准。因此，在王镇恒、王广智编写的《中国名茶志》中，白茶界只有白毫银针入选，连白牡丹都难登名录，就更不要说寿眉了。

在白茶价格低迷的时期，银针、牡丹都卖不出去理想的价格。因此，很多茶农根本不爱去做“价低如草”的寿眉茶。既不是名茶，市场上也不多见，老国标中未收录寿眉可能也在情理之中。

到后来，寿眉市场认知度越来越高。因此在 2017 年白茶国家标准中才将寿眉列入其中。

风水轮流转，现如今的市场上只见寿眉而不见贡眉。究其原因，还是贡眉茶处境尴尬。按采摘标准来说，贡眉处于白牡丹与寿眉之间。它外形酷似牡丹，只是叶更大、芽更小便是了。

可贡眉名气小，市场认知度低。若是蹭着寿眉的热点卖吧，又觉得有些亏本。因此，很多茶厂把心一横，干脆将贡眉归入到春尾白牡丹的行列。

沾上白牡丹三个字，便又能多卖上些价钱了。

借着白茶高昂的势头，寿眉也被收入了 2017 年修订的白茶国家标准当中。

愿登堂入室的寿眉，能继续做茶界“断烟火气”而“更近自然”的隐士高贤。

老白茶

中国茶诗中，最享盛名的估计是唐代卢仝的《七碗歌》了。“一碗喉吻润，二碗破孤闷……”，爱茶之人几乎都是耳熟能详。可很少有人知道，《七碗歌》本是昵称，此诗的本名叫作《走笔谢孟谏议寄新茶》。

孟谏议是作者卢仝的好友，他在外当官，特意搞了些好茶给自己的好友。卢仝收到茶后非常高兴，这才走笔作诗以示感谢。

孟谏议送的什么茶，如今已不得而知。

但题目中透露出重要的信息，卢仝收到的是“新茶”。

古人收到新茶，总是特别高兴。除去卢仝，像唐代白居易《萧员外寄新蜀茶》《谢李六郎中寄新蜀茶》，宋代余靖《和伯恭自造新茶》、曾巩《尝新茶》、苏轼《次韵曹辅寄壑源试焙新茶》等诗，都曾以“新茶”为题。

以新为贵，是古时的茶叶审美观。

喜新厌旧，是古时的茶叶价值观。

但现如今，茶界风气大变。喜新厌旧的“不良观念”遭到唾弃，尊老敬老的“传统美德”受到推崇。老普洱，老乌龙，老红茶，甚至老绿茶，都在市场上受到格外的尊重与推崇。而近两年最为火热的品种还要数老白茶。

白茶 · 日光萎凋

老白茶，准确地讲应为“年份白茶”，也就是经过一定仓储年份积累的白茶。可爱茶人觉得这么叫太见外，都喜欢亲切地称其为“老白”。要是不明就里的人听了，还以为叫邻居大哥呢。

有一年品鉴课，我特意拿了一款自存六年的寿眉饼给学生们喝。想让大家感受一下，年份白茶与新白茶的口感差异。

冲泡之前，突然有位同学指着茶饼的包装惊呼：杨老师，您拿的茶过期了！

中国茶种类繁多，特性也各有不同。绿茶的保质期，一般在 12 个月左右。茉莉花茶略久，也最好在 18 个月内饮完。白茶则不同，可饮新茶，也可品老茶。

如今白茶市场上，流传着一句“一年茶，三年药，七年宝”的话。

所谓老白茶，也多是以此为理论依据。

作为一名文献工作者，我未曾查到此话的具体出处，想必是名不见经传了。我多次到闽东访茶，又常听产地之人提及此话。

那么，我们不妨就把这句话归入民谚的范畴吧。

既然是民谚，就要剥丝抽茧的去理解。首先，切不可认为“一年”“三年”“七年”是白茶转化的关键年份。单位的员工管理中，可能有关键年份问题。比如入职三年就可以有什么样的待遇，入职七年又能拿到什么福利。

但茶叶存放，不是单位调级。若是生搬硬套这句民谚，那就是刻舟求剑了。

这句民谚，应理解为白茶可久存。而且从“茶”到“药”，从“药”再到“宝”。可见白茶不仅存得住，而且会越存越好。

作者探访福鼎点头茶场

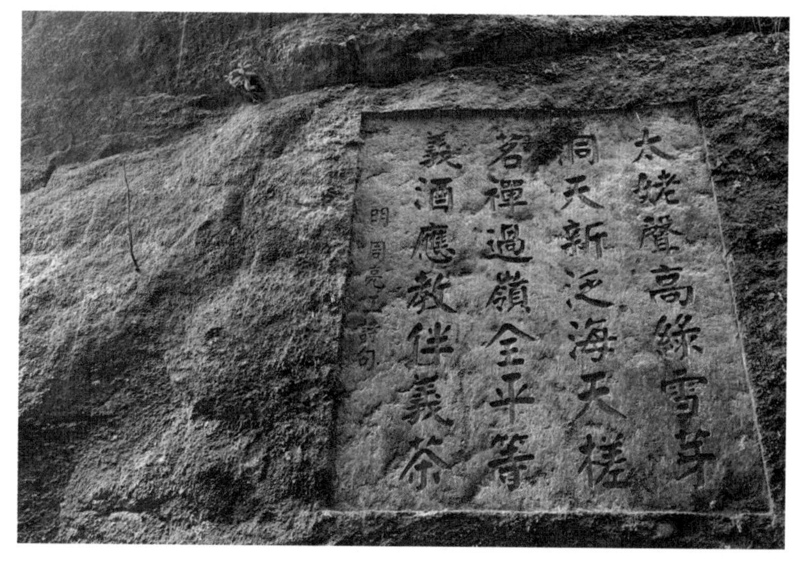

福鼎太姥山摩崖石刻

但民谚终究是民谚，需要有科学实验去佐证。好在随着市场对老白茶的火热追捧，茶学界也开始关注到这一课题。很多学者从生物、化学的角度去研究，为我们了解老白茶提供了更为科学的视角。

如周琼琼、孙威江、叶艳、陈晓在《不同年份白茶的主要生化成分分析》一文中指出，白茶在存放过程中，其主要内含物质成分如茶多酚、氨基酸、可溶性糖、黄酮类等物质都在发生变化，从而使得年份白茶的香气、滋味以及保健功效发生了变化。

通过实验数据可知，白茶中茶多酚、咖啡碱、氨基酸在前三年的存放中变化并不明显。然而当存放超过 20 年时，这些物质都出现了显著性减退的现象。唯有黄酮类物质不降反升，比新白茶高出数倍。而黄酮类物质，主要功能就是抗氧化、清除自由基。

总说年份白茶有药效，恐怕黄酮类物质起了很大作用。

但是要注意，只有经过十数年的存放，白茶中的黄酮类物质才会发生显著变化。所以市场上三五年的白茶就从药效角度去宣传，显然是欠妥的做法。

内涵物质的变化，要靠实验室的数据说话。是否真的具有神乎其神的药效，也不妨交给医学家去研究。爱茶人，还是应更关注白茶经年份存储后，色形及滋味的强烈变化。毕竟，这才是看得见摸得着的部分。

年份白茶的变化，首先存在于视觉层面。白茶在存放过程中，干茶色泽由银白、灰绿的鲜色逐渐变为灰黄、灰褐的沉稳暗色。有些白茶年份久了，干茶表面还会起一层白霜。远远望过去，自带着一团乌光。

沸水冲泡，汤色也可由新茶的新黄色，逐步向红褐色靠拢。有时候茶水比例合适，泡出的年份寿眉汤色竟是酒红色。

年份白茶外观与汤色的变化，神奇而不神秘。

这主要是白茶中的多酚类物质，在缓慢氧化的过程中逐步氧化为茶黄素、茶红色、茶褐素。这些天然色素会与蛋白质等凝结为暗褐的物质，附着于干茶之上。从而，使得干茶与茶汤颜色都有所加深。

但年份白茶最吸引我的地方，还是口感的独特。

今天一提老白茶，动辄就要十年、二十年起步，喝三五年的白茶，仿佛就不入流了。其实，那不过是商人刻意矫情的划分罢了。就好像硬要逼着人家回答，日常交友是喜欢 30 岁的，40 岁的，还是 50 岁的？年轻人活泼，中年人沉稳、老年人睿智，谁能分出孰高孰低?

不同年份的年份白茶，口感上各有千秋。

刚存放了三年左右的白茶，开汤后还是会略带有一丝青草的气息。它不似存放了几十年的白茶圆润，但茶汤中的涩味、苦味平衡而强劲，喝起来不由让人大呼过瘾。再仔细品品，茶汤背后还透露清淡的甘甜呢。

至于存了七八年的白茶，那又是另一番风味。每一口茶汤下去，都感受到如熟枣子般的甘甜。有时候，茶汤里还会飘过若有若无的粽叶香呢。

茶汤中那种醇与滑的感动，该是永难复制的吧？

我喝二十年以上的年份白茶，是在中国农业出版社编审穆祥桐老师的家中。那款茶的滋味，已经完全由清鲜醇爽变为了熟稠的陈韵。没有花香也没有果香，完全是一股子药香。口感用“醇”形容已不准确，而是一种独特的“油质感”。按照穆老师通俗的讲解，跟喝香油的口感差不多。

这茶是老先生偶然的存货，在家里放了数年，一共也就小半罐。等我再想喝第二次的时候，已经没有了。

本来嘛，哪有那么多的“老白茶”！

可现在市场上，老白茶却是比比皆是。一开始，还只是老茶贵于新茶而已。这两年，我看有老茶多于新茶的趋势。

尊老爱老，不见得是坏事，但茶商若是“倚老卖老”，恐怕就不合适了吧？

近些年，我一直在北京人民广播电台讲茶。除去嘉宾身份，我还经常要客串鉴定师。因为在电台的留言箱中，总会收到大量听众发来的图片和文字，都是关于他们自己在市场上收来的老白茶，让我鉴定。

很多人是花了四位数甚至五位数买的老白茶，总怕自己花了冤枉钱。若单单是不够年份，那还算是幸运。若是赶上做旧的赝品，那喝下去恐怕身体也吃不消了。

与艺术品不同，再贵的茶也是要喝的。

要真是在工艺上动了手脚，那遭殃的可不光是钱包了。

喝茶，本来是简单到了极点的事情，如今竟然变成了严峻的挑战。口腹之乐，竟然要具备最强大脑才行。端着一杯所谓的“老白茶”，入口之前需深吸一口气，要对自己的茶学知识和眼力绝对信任，才敢喝下这口茶。

市场上的老白茶，扑朔迷离，悬疑十足。

有的人喝着自己“精心挑选”的老白茶，嘴上说没问题，可心里其实也打鼓。怀揣着这样的心态喝茶，那享受的口感想必亦是要大打折扣了吧？

所以我才奉劝大家，不要去市场上卖那些所谓的“老白茶”。

与其追捧市场的几十年老白茶，倒不如自己踏踏实实地存放。以我自己来讲，习惯于自己动手存茶。绝不是图它升值涨价，有时只是希望以茶为载体，记录下稍纵即逝的光阴罢了。

有时候，无意拆开一包自存的白茶。一口茶汤入口，忽热间勾起那一点心情，仿佛墨汁滴在了宣纸上，不由得便发散开去，再无法控制……

有时候，存的不光是茶，而是记忆。

有时候，品的不光是茶，而是生活。

寿眉·小玄璧

白茶饼

最近一直计划着写几款绿茶，但总没时间坐下来细细冲泡。

上周是从北京奔到安徽再转入江苏，今天却又落脚在台湾了。一路上，多亏了半块白茶饼（玉叶长春）护身，才不至于太过疲劳。

于是乎，就想着多写两句白茶饼，以作为答谢吧。

六大茶类，其实命运各不相同。

作者探访白茶萎凋室

绿茶，是茶界常青树。从唐宋到如今，一直都有着忠实的粉丝。

红茶，属于墙内开花墙外香。在海外茶界，拥有着绝对的霸主地位。

白茶，则是地地道道的大器晚成。

有人说宋徽宗《大观茶论》中写到了白茶，所以中国白茶的历史可以追溯千年以上。这显然是牵强附会！此白茶非彼白茶，不可相提并论。

至清代中晚期，才出现了如今的白茶树种及工艺。这样算起来，白茶的历史大致在 150 年上下。

可大众认知白茶，不过是近十年左右的事情罢了。

塞翁失马，焉知非福。成名晚近，也使得白茶可以从其他茶类身上，有更多借鉴的机会。

不信各位同学去市场上转一转。

那些“古树白茶”，不就是向普洱学习的成果吗？

那些“高山白茶”，不就是向台湾高山乌龙学习的案例吗？

至于“野生白茶”，那便是博众家之所长了。

当然，我还是希望这样的借鉴越少越好。

比起运营方式的“学习”，更有意义的还是工艺上的借鉴。

白茶饼，即是一例。

白茶压饼，是非常晚的事情。

但紧压茶的历史，却又比白茶历史悠久了许多。

将茶紧压的工艺，在陆羽《茶经》中就有记载。《茶经·二之具》里，“规”“承”“檐”等便是制作茶饼的工具。先将“檐”铺在“承”上，再把茶模放在“檐”上，就可以压制茶饼了。压制成饼后，可以很方便地取下来，再继续做另外一个。

宋代流行的龙团凤饼，仍然延续着这种工艺思路。

明清之后散茶盛行，紧压茶才慢慢退出了茶界的主流。

正所谓“礼失求诸野”，后来紧压茶的工艺主要流行于边销的茶之中，像湖南的茯砖、湖北的青砖、云南的普洱，或砖或饼。

从如今黑茶多采用紧压的工艺来看，其目的主要有三点。

第一，利于运输。

众所周知，不管是茯砖、青砖还是普洱，都是主销边疆甚至境外。万里茶路，崎岖难行。有些地方，甚至必须人力驮运。可茶叶太过松抛酥脆，既不便于运输，又容易积压破损。紧压成砖饼之后，搬来运去再也不怕碰碎了。与此同时，运输也便捷了许多。

第二，利于仓储。

黑茶类，属于后发酵茶。一半的风味形成于厂房，一半的口感转化于库房。由此，仓储变得必不可少。但一大包一大包的茶叶，分量没多少，可是真占地方呀。紧压之后的茶叶，仓储压力一下子小了很多。如同原来一个职工宿舍只能住四个人，现在一下子能住四十个人了。换作我是老板，做梦估计也能乐醒。

最后，利于销售。

我记得小时候去老字号“张一元”买茶叶，最爱看的就是售货员称茶叶。那时的售货员各个是能人，嘴里问好了你要多少茶叶，手里同时就从大茶箱中抓茶称秤。但即使再熟练，称茶总是个费时间的事情。以至于，我每次去买茶叶都要排队。

要是紧压茶，情况就不同了。一饼一砖，都是固定的斤两。像我这样只会数数，不会认称的人，也可以很容易地操作了。说好了要几饼，直接出货就好。

以上三点，恰巧都与白茶的属性相吻合。

白茶松抛飘轻，按老百姓的话说就是“不压称”。很大一包的寿眉，上称一看不过二三两而已。运输起来，既麻烦又易破损。而且太占空间，仓储成本自然要直线上升。至于出货销售，自然也难逃称茶之苦了。

白茶压饼，便可将上述问题一揽子解决。

有人曾问我，如何看待白茶压饼的问题？

答：何乐而不为？

白茶大批量压饼，大致肇始于2010年。是哪位率先操作？又具体起始于哪年哪月哪日？已没人说得清。毕竟，开始也只是茶商自发性的民间行为而已。

2015年7月3日发布、2016年2月1日实施的《紧压白茶》国家标准，算是官方对白茶饼这位“草根”的首次官方认可。其中对紧压白茶的定义为：

“以白茶（白毫银针、白牡丹、贡眉、寿眉）为原料，经整理、拼配、蒸压定型、干燥等工序制成的产品。”

至此，白茶饼正式被官方认可。

白茶饼，改变的不仅仅是造型。

宜年宝玉·白茶饼

更为重要的是，白茶压饼后，口感会与散白茶风格迥异。

其实即使茶汤未入口，汤色上已能看到明显的不同。如紧压的白毫银针茶饼，汤色杏黄明亮；紧压白牡丹，汤色略深，呈现橙黄明亮；至于紧压寿眉，汤色深黄，其中还要透露出些许的红色。

也就是说，即使以颜色最浅的紧压白毫银针来看，汤色也要从杏黄色起步。而杏黄色，是三年左右的寿眉散茶才能具备的汤色。

以同样年份和等级的茶来看，紧压白茶要比散白茶汤色至少深沉一个色号。

不仅汤色“深”，口感上白茶饼也更“厚”。

紧压白毫银针，滋味浓醇中带有明显的毫香。紧压白牡丹口感醇厚，毫香若隐若现。紧压寿眉，大家都再熟悉不过了。口感浑厚饱满，喝起来最为过瘾。

散白茶的口感，亚似凌波仙子，具有一种灵动鲜活之美。

白茶饼的口感，更像古刹老僧，自带一股深沉厚重之韵。

散白茶，喝的是通透。

白茶饼，喝的是韵味。

话说到这里，突然想起了自己第一次吃鲍鱼的经历。那次是在一家北京著名的粤菜馆子，由一位饮食界前辈带着去尝鲜。巴掌大小的鲍鱼，红烧之后，带着溏心。那鲍鱼肉入口，软熟香甜，是我这北方人从未感受过的味觉体验。

席间，我向那位老师说："这样的美味，我可以每天吃到就好了！"

"每天吃，你就不觉得那么美味了。"那位老师笑着说。

果然让这位前辈言中，虽然还没有做到天天吃，但现如今我看到鲍鱼已经几乎无感了。

许多茶中名品，也会给人鲍鱼般的感觉。初次啜饮，觉得既新奇又兴奋，自然也认为美味无比。但若是天天喝，好像也就没什么了。有时口感太独特的茶，喝多了反而会觉得有些腻口了。

但白茶饼不会让你审美疲劳。

我泡白茶饼，一般都会随手撬一块丢进侧把壶。重量不太计较，但总要在 8 克上下。沸水浇下去，第一冲时间要刻意拖长一些，以便于紧压的茶饼得以舒展。

有时候故意泡久一点，会带一丁点儿的苦。但茶汤仍是浓稠无比，口感似丝绸，很容易下喉。白茶饼陈放的年份越久，口感中的滑顺感就越明显。

甜香连绵不绝地留在口腔之中，这样的茶，怎么会喝的腻呢？

白茶饼，是我常备身边的口粮茶之一。

有人说白茶饼冲泡的茶汤，自带着一股枣香。

的确如此。

但若单单用枣香来形容白茶饼的茶汤，我觉得又有些不够贴切。

制作工艺中的蒸压与干燥，造就了它极其复合的口感。

那样的感觉，让我想起了在韩国首尔喝到的肉桂糖水。

韩国人本来也喝茶，但在李朝时期曾掀起了反中国、反佛教的风气。茶虽是饮品，但却又是中国文化和佛教思想的代表，因此也遭到抵制与禁止。如今韩国人都不大饮茶，根源即在于此。

茶不能喝，糖水就成了替代品，其中的上品就是“肉桂糖水”了。

具体的做法，是把适量的肉桂皮和姜片放入沸水中，转慢火煮两小时左右。有些人嗜甜，会加入糖或甘草一起煮。最后，放入冰箱中备用。

喝时将红枣和柿子干切成细丝，加松子，让它们飘在糖水上。那种味道非常综合，非要去描述出来反而大煞风景，反正好喝就是了。

白茶饼的茶汤，虽没有肉桂却带奇香，虽没加甘草却有甘甜，不放大枣就能枣香扑鼻。奇妙！再加上叶底中咖啡碱与茶多酚使口感微带苦涩，从而化解甘甜带来的腻口。比首尔的神品“肉桂糖水”，又要强之百倍了。

经常会有同学问我：“杨老师认为白茶中，是散茶好，还是饼茶好？”

答：“没法比较。这好像问你，是炸鸡好吃？还是烤鸡好吃？总之，各有千秋！选好吃的就可以了嘛！”

追问：“如果一定要选一种呢？”

答：“找对了人，喝什么茶都好！”

第二辑·闽台乌龙

老味铁观音

从 20 世纪 90 年代末起至本世纪初，铁观音是横行北方的礼品茶。就拿北京来说，大家虽然都喝惯了茉莉花茶，但总觉得逢年过节送礼的话，还是拎一盒铁观音才够档次。外来的和尚好念经嘛。

因此，我自认为对于铁观音并不陌生。

大致是十年前，我的一位同门到香港浸会大学攻读研究生。知我爱茶，假期回来时特意送了我一罐香港尧阳茶行的铁观音。自此之后，我才发现自己并不了解铁观音。

首先从包装讲，两者就有区别。内地当时的铁观音茶，多是打包成独立的小泡袋，并且一定要抽真空。而尧阳茶行，用的则是传统的铁皮罐子，不抽真空，也不要求冰箱保存。

不会变质走味吗？

不解！

开罐观察，恍然大悟。原来香港的铁观音，施以厚重的焙火工艺。怪不得不要求小心翼翼地存放。干茶表面乌黑，泛着一种铁锈色的亚光。条索紧结，手感厚实。至此，我似乎悟到为何取名“铁”观音了。

事后我总开玩笑说，比起这些传统工艺的铁观音，内地一度流行的那种，改称“绿菩萨”更为贴切。

香港铁观音老包装一组

开汤冲泡之后，更是颠覆了我对于铁观音口感的原有认识。将老茶行的铁观音扔进温热过的茶壶，翻上来的不是熟悉的清香，而是类似烘焙巧克力蛋糕时散发的甜蜜气息。茶汤红润，色泽深沉，却竟还有一股子明亮感。吃透火力的铁观音茶，富含着一种独特的扎实口感。不似花香般温柔，但却绝对是久品不腻的路子。

喝过香港茶行的铁观音后，回过头来再品以花香爽口主打的新工艺铁观音，口感好像有点单薄了。

一罐子很快就喝完了，我又不好意思再找人家要。心心念念着这款茶，却在市场上怎么也找不到。还好，不久就遇到了去香港出差的机会。以至于同行人都搭乘地铁去“中环站”购物，而我则多坐一站在“上环站”下车。

罐子上写明，尧阳茶行，就在上环。

说实话，从地铁站出来，一路找到这家茶行，实在费了一番周折。其一，当地 60 岁以下的人几乎没人知道，所以问路的办法行不通。其次，他家的门面实在不大，以至于我在门口经过两次竟然都没看见。

在不大的营业空间里，有一半用于展示茶行的老物件。老茶罐、老包装以及奖牌、奖状，活像一个小型博物馆。至于卖东西的柜台，其实只有两组。里面陈列的茶也不多，除去几个花色的铁观音，再有就是水仙王。我在店里待了四十分钟左右，并没有其他客人进来。

老板闲聊说，其实“尧阳”二字是地名，位于福建安溪的西坪镇。那地方的人 98% 以上都姓王，多以铁观音为生。不光是种茶、制茶，他们更是把铁观音卖到了世界各地。

尧阳王氏，把铁观音生意从安溪做到了厦门，之后过海到台湾，再出国到泰国、越南、菲律宾、新加坡、马来西亚……仅以马来西亚一国来看，尧阳茶商开设的茶行就有：王法有的三阳茶行、王宗亮的梅记茶行、王长水的兴记茶行、王哈蟆的新记茶行等。

因此，我认为尧阳茶行还可细分为广义与狭义两种。狭义的尧阳，就开在香港上环。广义的尧阳茶行，则遍布东南亚各地。随着尧阳茶行们的兴起，铁观音也随之香飘海内外。因此研究好尧阳茶商的历史，其实也就是梳理了铁观音的近代传播历史。这几年陆续走访了几家，待有机会单独聊聊这个话题。

书归正传，接着聊香港的寻找铁观音之行。

上环一带，老茶行不下十余家。除少数是潮汕人开设，大多数老板还是福建籍。各个老茶行的掌门人对于铁观音都有着自己的心得。我在他们那里，从没有喝到过内地流行的那种铁观音。就好像，我在北京也没喝过老味铁观音一样。

福建茶行的杨老板，恰巧与我同姓，因此聊起来多了几分亲切。这间茶行是其父在 20 世纪 50 年代开设，现如今作为二代掌门的他也年逾古稀了。焙了一辈子铁观音，卖了一辈子铁观音，也喝了一辈子铁观音。说他是这方面的专家，我认为绝不为过。

有一次与杨老板聊天，他回忆起了一段往事。香港的铁观音，以前分为生、熟两种。所谓“生茶”，即是指没焙火、没拣梗的铁观音。反之，“熟茶”就是已经精制（拣梗、焙火）过的成品茶。

大致十多年前，他们在安溪老家的亲戚向他们推荐了一种新型铁观音。从外形到口感，都酷似当年的“生茶”。不过，只是挑拣了梗子。

据老乡亲们说，这种新型铁观音在内地非常火热，劝他们也可以卖卖看。但他觉得，虽然这种“新型铁观音”乍一尝口感确实鲜爽，但观音特有的韵味明显不足。更要命的是，喝多了还一定会胃疼，屡试不爽。不光是老板自己，店里的老主顾也都不买账。因此，也就不了了之。

不耐品，不养身，算不得好茶。

老办法的铁观音好在哪里？

据我的体会，大致有两点：一是口感，二是体感。

香港尧阳茶行招幌

经细致火工焙过的铁观音，滋味醇厚。但醇中带爽，厚而不涩。同时具有果酸味浓、余韵强烈、回甘直接的特征。而且，三杯下肚，肠胃舒适，额头上更已是汗涔涔的了。

可百十年传下来的老味道，怎么就变味儿了呢？

原本长久以来，北方多饮花茶，江南地区偏爱绿茶，对于品味火工的铁观音不大感冒。为了迎合、顺应北方甚至江南地区的饮茶口味，安溪这才摸索出了这种“新型铁观音”。 这种铁观音汤色浅，口感鲜，香气显。以至于很多人喝了很久，还以为铁观音是绿茶呢。

北京有一种特色小吃叫“豆汁”，是发酵食品，具有独特的酸臭味。不爱的人，经过卖豆汁的摊子前都得捂着鼻子快走。但像我这种“豆汁”的发烧友，不一口气喝他两三碗根本不满足。

本来嘛，世间百态，各有所爱。

但近些年，北京“豆汁”锐意革新了起来。为了迎合游客的口味，做“豆汁”的人在特意降低发酵度，从而去除那股子特有的“酸臭味”。结果，新食客照样不买账，老主顾更是大把流失。“小清新版”的豆汁，落得个猪八戒照镜子——里外不是人。

铁观音也是如此，百十年来它都以扎实厚重的口感著称。不管是前期的萎凋、发酵，还是后面的焙火工艺，亦乃数辈制茶人根据铁观音茶树品种特性探索之结果。今人看似聪明的改动，实际上还经不起时间和市场的考验。

现如今，内地新工艺铁观音热度不再。风靡一时的铁观音专卖店也都纷纷倒闭转让。唯有香港上环的老茶行里，还在不紧不慢地焙着茶。

做自己，最踏实。

安溪铁观音

· 举世闻名

提起肉桂，不饮茶的人会以为是香料。

提起水仙，不饮茶的人会以为是盆栽。

提起铁观音，大家就都知道在聊茶了。

当年曾听某评书名家说起：中国人，没读过《三国演义》的少见，不知道诸葛亮的几乎没有。

那我不妨套用一下这句话：中国人，没喝过茶的少见，不知道铁观音的几乎没有。

你看，这便是安溪铁观音在中国茶界的地位。

家喻户晓，妇孺皆知。

安溪铁观音的知名度，绝非广东凤凰单丛、台湾东方美人可以匹敌。

想必，也只有闽北的大红袍勉强能与其抗衡了吧？

说安溪铁观音是乌龙茶中最知名的品种，也绝不为过。

当年，饮安溪铁观音甚至变成了身份的象征。谈生意时掏出一小包铁观音，就如同拎出一瓶茅台酒一样——有面子。

如今，跟风饮茶的人逐渐散去。安溪铁观音，也已从巅峰跌入谷底。

鸣泉铁观音干茶

很多人扼腕叹息，我倒觉得未尝不是一件好事。没有了火热的市场影响，铁观音可能更容易恢复本真的状态吧？

聊茶不避乱，算是我的原则。

那么今天，咱们就再蹚一蹚“浑水”，聊聊安溪铁观音。

· 起源之争

关于安溪铁观音的起源，历来有两种说法，即“魏说”和“王说”。

魏说

当年安溪县西坪乡松林头（今西坪镇松岩村），有一位茶农叫魏荫。勤于种茶，虔诚礼佛。有一年魏家失火，烧得片瓦无存。但魏荫灾后的头一件事，就是在废墟里找出观音像，赶紧又搭起一座小佛堂供上。礼佛心诚，可见一斑。

世间万物，诚心对待总是对的。

20 世纪 70 年代铁观音老包装一组（作者自藏）

礼佛如此，习茶也是一样。

很多同学抄写茶学经典，或是填写饮茶日志，总是嫌弃自己字不够好看。可我认为，书写工整即可，因为那里有习茶的诚心。

扯远了，说回到铁观音。

公元 1725 年的一天，魏荫竟然梦到观音大士。观音菩萨引他来到一处茶山，指着一株茶树对他说："此茶乃神品，望汝惜之。"话音刚落，一声惊雷，魏荫从梦中惊醒。

梦醒后，魏荫按着记忆去寻找，竟然真找到一棵与众不同的茶树。叶芽紫红，叶肉肥厚，叶形椭圆，叶尖微斜，真乃奇茶一株。

魏荫采茶回去制作，味道确是独有一番风味。后来魏荫用压条法陆续繁殖了几株茶苗，种植于自家的铁鼎里，精心管理，爱如珍宝。

此茶由观音托梦而得，因此魏荫就叫它"观音茶"。又由于制成后，色泽乌润有铁锈色。置于手中，沉重似铁，加之在铁鼎中种植，因此名字里再加个"铁"字，于是就得名"铁观音"。

王说

这个说法的主人公是安溪县西坪乡尧阳人王士让。他可不是茶农，而是一位文人。1964 年，当地人在族谱中发现王士让撰写的《尧阳乡南岩小引》一文，使得这位文人与茶的缘分大白于天下。

文中记载：

"让于乾隆元年（1736 年）丙辰之春，与诸友会文于南山之麓，每于夕阳西下，徘徊于南山之傍，窥山容如画，见层石荒原间，有茶树一株，异于其他茶种，故移植于南轩之圃，朝夕灌溉，年年繁殖。初春之后，枝叶茂盛，圆叶红心，如锯有齿，黑洁柔色，堪称无匹。摘制成品，其气味芳香超凡。泡饮之后，令人心旷神怡。是年辛酉，让赴京师，晋谒方望溪侍郎，携此茶品以赠，方侍郎转进内廷，蒙皇上召见，垂询尧阳茶史，恩赐此茶曰：南岩铁观音。"

这段文字讲得很明白，铁观音为王士让春游时发现的品种。后来做出来带进京城，本是与侍郎方苞分享，后来方大人转手送给了乾隆皇帝，遂成就了铁观音的盛名。

在安溪，历来对于这两种说法争论不休。两家的后人，自然都希望将首创的丰功伟绩据为己有。两家这么一争，也弄得喝茶人一头雾水。

历史，是任人打扮的小姑娘。这两种铁观音的起源说也都有着明显的演绎成分。但不要紧，我们不妨透过现象看本质，来剥离历史迷雾背后残存的真相。

首先，是时间。“魏说”发生在公元 1725 年，“王说”发生在公元 1736 年，前后相差不过十年左右。我们可以说：铁观音出现在清朝雍正晚期至乾隆初年之间。

其次，是距离。“魏说”与“王说”的发源地我都去过，两者间相距十公里左右。如果开车，大致二十分钟就可以到达。如果将视线放大到安溪全境甚至闽南茶区的话，那么这十公里的距离差简直可以忽略不计。

不管是哪种说法，铁观音都是发源于安溪县西坪镇，这不会有争议。

至于到底是谁发现，那不妨继续争论吧。而这种争论，可能又会成为铁观音文化的一部分，平添了品饮时的乐趣呢。

真假观音

铁观音，出现在安溪，也是偶然性中存在着必然性。

放眼整个安溪县，可以说是茶树良种的宝库。安溪茶树品种资源丰富，共有 64 种之多。在首批 30 个国家级良种中，安溪县就占了 6 个。铁观音自然是首当其冲，其余还有黄旦、本山、毛蟹、梅占和大叶乌龙。

由于市场认知度高，铁观音的种植面积在安溪最大，属于当家品种。从 2006 年的数据来看，铁观音的种植面积占安溪茶树种植总面积的 60%；本山、毛蟹、黄旦茶园，占 30%–35%；梅占与大叶乌龙，种植面积约占 10%。

但是种植面积与产量之间，却不一定成正比。例如，铁观音种植面积虽大，但产量只占 35%；黄旦、毛蟹、本山种植面积虽然只有 30%-35%，但产量却占 50%，是绝对的大宗茶。至于梅占与大叶乌梅，产量约占 10%，相对较小。

课讲到这里，就经常会有同学问：我们为何在市场上没见过黄旦、毛蟹、本山啊？

答：的确见不到！

于是同学追问：那占总产量 50% 的毛蟹、黄旦、本山都去哪里了呢？

答：全部混入铁观音了。

曾几何时，情况并非如此。每一种茶，都有自己的拥趸。有人爱喝铁观音的韵味，也有人爱喝本山的香气。亦或者，我今天想喝铁观音，明天就想喝毛蟹、黄旦了。

喝茶不必跟风，以茶汤为中心，同时尊重自身的感受。

我收藏有一只当年漳州茶叶公司出品的铁皮茶叶罐，上面赫然写有“黄旦”二字。虽然破破烂烂，但我却格外珍惜。因为这样的茶叶罐，可能再也不会出现了。

卖茶人不愿意写，怕卖不出去。

买茶人不愿意认，嫌名气太小。

黄旦、毛蟹、本山乃至于佛手，在闽南茶园里有很多。但它们，却大都已在市场上“灭绝”。这难道不是个奇怪的现象吗？

看着这只老茶叶罐，我总是很怀念那个敢大胆地把“黄旦”二字写出来的时代。

那时的卖茶人诚实。

那时的买茶人懂行。

闽南诸多品种在市场上的绝迹，可谓是铁观音火爆后的肇始。

以假乱真，也是铁观音的一大弊端。

新老工艺

当然，更为致命的打击是工艺上的改变。

20 世纪 90 年代，为了打开北方市场，加之受台湾新派乌龙茶工艺的影响，铁观音开始改变传统工艺。

其实所谓的新工艺，总结起来就是“双轻”，即轻摇青、轻发酵。

传统的铁观音制作工艺，需循序渐进地摇青四次，前后历时 13–16 个小时。而新工艺铁观音，摇青次数减少，时间也缩短为 8–12 个小时。

做青时间的缩短，势必导致发酵度不足。如果说传统的铁观音讲究“三红七绿”的话，那新工艺铁观音基本上就是“一红九绿”了。

工艺的改变，势必导致口感的颠覆。

传统铁观音，茶汤醇厚甘鲜。入口微苦，咽后回甘，且带蜜味。香气幽雅，馥郁持久，“七泡有余香”。

新工艺铁观音，茶汤清澈黄绿。入口绝对不苦，可回甘也不明显，铁观音特有的品种风味荡然无存了，只能说是一杯乍尝讨喜，再品无韵的空洞茶汤。

更为要命的是，由于“轻摇青”“轻发酵”的工艺，使得叶片中物质转化不足。喝新工艺铁观音，有点像吃青涩的水果。图一个新鲜劲儿，但真吃进去可能会肚子疼。

这种新工艺铁观音，只能说“改变”而不能讲“改良”。因为，我并不认为这是一次成功的变革。

当然，倒也可以说这种新工艺铁观音是“改凉”。毕竟，铁观音是“越改越凉”了嘛。

独特口感

真正的传统铁观音，应满足到位的萎凋、考究的摇青、充分的发酵、地道的焙火等诸多条件。这样用心制作出的铁观音有其他乌龙茶所不能替代之风味。

如何欣赏铁观音，我们不妨借鉴老一辈茶学工作者的观点。毕竟，他们熟悉也尊重传统工艺。

全国政协原常务委员、中国侨联副主席陈彬藩评价铁观音十分到位。他说：

“铁观音既有红茶浓烈味，兼备绿茶之清香；若教荣西持公道，应许人间第一品。”

兼具红茶与绿茶的优点，这的确是铁观音的特征。陈老一语中的，道破铁观音味道之精髓——综合。

至于安溪茶农，认为好的铁观音则必须具备五个要点：

“香、韵、酸、鲜、皇”

为了便于区分，我们姑且把它称之为“五字诀”吧。

这其中，香、韵、鲜最好理解，就不多说了。关于铁观音的酸味，是非常微妙的感觉。茶汤入口，香中带酸，喝后能够齿颊留香，甚至有明显的生津感。

至于“皇”，表示的是茶气有力。这“香、韵、酸、鲜、皇”五字诀，具体说就是花香、香韵、酸香、新鲜和皇气。

著名茶叶专家张天福教授，长期从事茶叶加工与审评的工作。他对于品味铁观音，也列出了三个原则：

第一，品种香要明显；

第二，品种香要入水（即味香结合）；

第三，品饮后有回味（即喉韵显著）。

坊间一直传说的“观音韵”，大致就是这样的一种感觉。它既不是香也不是甜，而是一种口腔、鼻腔、喉咙乃至肠胃的复合式享受。

当然，以上讲的均是传统铁观音的口感。

新式铁观音，有香而无韵。

遗憾的是，最终爆红的还是新工艺铁观音。也对！在这个什么都求

“快”的时代，还有多少人会耐着性子去欣赏“观音韵”呢？

新式铁观音，有香而无韵也就罢了。但过轻的发酵喝了还伤胃，日子久了自然无人问津。

其实我们要批评与反思的也是这种“双轻工艺”。怎奈，城门失火殃及池鱼，传统铁观音也跟着“躺枪”了。

絮絮叨叨说了这么多，只是希望读者不要对传统名茶铁观音丧失信心。

习茶之人，不必因为市场的火热，去追捧一款茶。

习茶之人，也不因为市场的冷落，而忽略一款茶。

习茶之人，应该基于自己的茶学知识，而具备独立思考的能力。

这也是我们习茶意义之所在吧？

台湾铁观音·干茶

台湾铁观音

·胡椒饼与铁观音

每次到台北出差，最喜欢的便是晚上八点以后的时间。因为那个时间，一般没有工作拜访，也不会再有应酬饭局。最重要的是，各大夜市已经开始营业了。

台北夜市众多，可谓各具特色。像士林夜市，浪得虚名，我最不爱去。而宁夏夜市，地道美味，好吃的多到数不过来，也是我每次台北行必去之地。再有就是饶河街夜市，以观光游乐为主，小吃大都平平。只有一家胡椒饼做得极好，会勾着我每次专门跑过去一趟。

这家胡椒饼，位于饶河夜市的尽头。饼烤得特别丰满，胖乎乎、圆鼓鼓的。好像只有咬上一口，才可以充分表达出对这个“小胖子”的喜爱。卖相好，馅料调得也高妙，一大坨猪肉馅丝毫无“阿谀”之感。

我判断好胡椒饼的标准是：吃过之后，不会马上想喝一大口六堡茶。这样起码证明，馅料既不咸，也不腻。

在台湾卖胡椒饼的招幌，上面一定会缀上“福州”两个字，以表明正宗性。

就像卖白茶要写“福鼎”，卖龙井要写“西湖”一样。

谁说卖茶就是阳春白雪，卖胡椒饼就是下里巴人？

都是一个道理嘛！

与胡椒饼一样，福州干面、海蛎煎、扁食，都是源自福建的美食，又在台湾落地生根。

饮食，是两地共同记忆的重要载体。

当然，共同记忆里还有铁观音。

闽台两地皆可制。

这，便是铁观音。

有一次学生来找我喝茶，点明要喝“正宗铁观音”。

要喝福建的？还是台湾的？我问。

嗯？台湾也产铁观音吗？

没错。我答。

怎么没有听说过？学生追问。

那……就要怪安溪铁观音名气太大喽！

· 木栅与张氏

台湾的铁观音的主产区，位于台北市郊的木栅。因此，台湾铁观音多以“木栅铁观音”的标识进行销售。

何为“木栅”？

早期的福建人，沿着河岸以木椿围起栅栏抵挡当地原住民。由于沿用甚久，渐渐成了地标性建筑。“木栅”因此就成了这一带的地名。

我第一次到木栅，其实是误打误撞。当时有位大学同学在台湾读博。恰巧我在台北有个短期学习，周末就溜出去和老朋友聚会。

参观完政大，时间还早。同学提出要带我去木栅转转。我在书上读到过“木栅”，知道那是台湾铁观音的主产地，也一直想去看看。只是不知道，竟然离着政治大学这么近。

木栅铁观音·包装

她则是知道木栅就在学校旁边，风景不错，可没听说还能产茶。

我们俩把所知道的信息拼凑在一起，动身赶奔木栅。

当然，事起仓促，又带着个不太爱茶的人，逛起来也就是走马观花。甚至连当时喝到的铁观音到底是个什么味，我都已经记不住了。

但是这一次木栅之行，我倒是有了一个发现。那就是这里种植制作铁观音的茶农，几乎都姓张。就像在安溪，茶农多姓魏或姓王一样。

就在木栅，还有一座张乃妙茶师纪念馆。

木栅铁观音与张氏家族，到底是什么关系呢？

当我第二次拜访木栅时，第一时间就向张乃妙纪念馆馆长张位宜老师请教了这个问题。原来这一切，还要从一百多年前聊起。

作者与张乃妙纪念馆馆长张位宜合影

· 假奖章与真奖章

19 世纪下半叶，来自安溪、大坪一带的张氏先民，自滬尾（今淡水）登陆后，溯流而上进入景美，后又来到今天的木栅定居。今天大部分木栅茶农，都是这支张氏的后裔。

在张氏族人当中，出了一位了不起的制茶高手——张乃妙。

台湾铁观音的种植与推广，都与此人有着密切的联系。

清光绪元年（公元 1875 年），张乃妙生于台湾。他的制茶手艺，传承自其继父“唐山茶师”。

这位“唐山茶师”晚年思乡心切，带着自己两千银元的积蓄返回了大陆。留下的张乃妙，独自挑起了制茶的工作，且不久后便崭露头角。

民国五年（1917 年），台湾日本当局举办“台湾劝业共进会·包种茶比赛”。张乃妙参加包种茶评比，并以精湛的制茶技艺荣获日总督特等金牌赏。想不到，与荣誉一起到来的，还有同行们的嫉妒与猜疑。

当时的制茶师傅，联名向日本总督提交抗议书。他们认为，张乃妙之所以得奖，全部仰仗其继父“唐山茶师”留下的武夷茶。以武夷茶充当台湾包种茶参赛，这才得了大奖。单凭台湾的土地和技术，根本做不出那么好喝的茶……

流言蜚语，请恕我不多赘言了。

从古至今，同行倾轧，已成惯例。

日本总督接到抗议信，也是将信将疑。于是命令当局，颁给张乃妙一张“假奖章”。待真相查明后，再换发真正的奖状。得个奖状还是个赝品，真不知当时的张乃妙茶师，心里是什么滋味。

与此同时，当局还派专员到樟湖茶园勘察。张乃妙在监督团人员的“监视”下，在该茶园范围内再次采摘同量茶青，制成后再来复审。

真金不怕火炼。张乃妙第二次制成的成品，经复审评定与之前得奖的茶样品质、风格均完全一致。也就是说，张乃妙的金牌奖货真价实。

调查结果一出，看这些抗议的制茶师傅还有何话说？

想不到，还真有话说！

这些抗议的师傅指出，茶青虽然是台湾本地料，但是张乃妙在其中做了手脚。张乃妙的茶园中，有十二株大陆移植来的铁观音茶树。张乃妙只需将铁观音茶的汁液，搅拌在包种茶中，然后一起揉捻，便可以提高包种茶的色泽和芳香。

张位宜老师跟我讲述至此，简直都给我气乐了。

说实话，我真是佩服这些抗议茶师的想象力。

没办法，当局又派来了几位技师，确认张乃妙确实有十二株铁观音茶树。他们用写生的方式，把每一株茶树编号，每一枝条和芽叶生长之处，也都编号记数报告上峰。从而证明，张乃妙虽有茶树，但铁观音茶树却没有任何采摘过的痕迹。

至此，当局才正式颁下“金牌赏”给张乃妙。

得奖后，张乃妙受聘为“巡回茶师”，教习包种茶、乌龙茶的制作。

· 树苗与工艺

除去传授制作包种茶的技艺，张乃妙的另一大功绩便是引进铁观音树种渡海入台。

1919 年，木栅茶叶株式会社的创办人兼负责人张福堂，委托张乃妙到故乡安溪购买铁观音茶苗。张乃妙在同宗张乃干的陪同下，一路自淡水通过厦门、晋江，最后到达安溪大坪，购得铁观音茶苗三百多株。

茶苗是买到了，但同行的张乃干积劳成疾，不幸染病，于返台途中离世。按当时规定，海船上有人病逝，要按传染病处理，所带物品一律销毁。

所幸张乃妙大胆行事，先带着茶苗下船。再到岸上联络同伴，将张乃干背下海船。

三百余株铁观音茶苗，这才躲过了烈火焚身之灾。

渡海而来的茶苗一一成活，但此时的台湾木栅仍然做不出上等铁观音。

原来，张乃妙虽为巡回茶师，但功力多在包种茶制作上。真正的铁观音制法，仍然在对岸的安溪师傅口袋中。

制出一杯好茶，天时、地利、人和缺一不可。

找来铁观音茶苗，算有了天时。木栅良好的环境，则属于地利。没有制作铁观音的工艺，仍缺人和。

1937 年，年过六旬的茶师张乃妙，再次渡海回到安溪老家。由其胞弟张乃省预先安排好地方士绅，与张乃妙茶师接风联谊。正所谓内行看门道，外行听热闹。在与当地名士、茶师的不断交谈中，张乃妙茶师捕捉到了铁观音制作的要领。

回到台湾后，他再次把学到的技术教给各个茶农，使其制茶技术大为改善。

木栅铁观音成为台湾名茶，茶师张乃妙功不可没。

如今在台湾买铁观音，还要分清“正枞铁观音”和“铁观音”。二者风味不同，价格也相差甚远。

所谓“正枞铁观音”，是一语双关。既说明了采用传统铁观音工艺，也表明了采用的是铁观音的茶青。

若只写“铁观音”或“木栅铁观音”，则暗喻工艺是铁观音的工艺不假，但是茶青则有可能用四季春或梅占等其他茶树品种。

只要依据铁观音工艺充分发酵，用心焙火的“一般铁观音”，也会具有沉稳的熟火香。口感舒爽间带有甘甜，受一般饮茶者的喜爱。

至于“正枞铁观音”，则在纯熟的火香外，还有一层“弱果酸”。当然，也少不了若兰似桂的花香。

最怕回答的问题便是：杨老师，哪种更好呢？

只能说：各有千秋，但前者更贵。

· 茶区与景区

也有同学问我，现在常喝的是哪一种台湾铁观音？

答：我几乎不饮木栅铁观音。

为何？

答：到木栅，一看便知。

木栅茶区虽然海拔不高，但却常年雨量丰沛，温度适中，植被生长繁茂。再加之独特的“风化土”，使得这里成了先民选中的理想种茶之地。

但自 1980 年以来，台北市政府推动成立“台北市木栅观光茶园”。

以旅游带动农业，成了木栅基本的茶产业思路。

木栅，几乎是离台北市区最近的知名茶区。再加之“猫空缆车”的开通，着实使得原是穷乡僻壤的郊区木栅热闹了起来。

20 世纪 90 年代一直到 21 世纪初，是猫空及木栅最为鼎盛的时期，诸多政要都曾是木栅茶园里的座上客。

根据 1998 年的调查，列记猫空有 75 家茶坊，其中 18 家专营品茗，54 家兼营餐饮及小吃，另有 4 家土鸡城。

近二十年过去了，木栅茶区里的茶坊、饭馆、土鸡城，数量几乎又翻了一倍。

我曾亲眼看到，一辆辆私家车就停在茶园边的道路上。“突突”冒着的尾气，“滋润着”旁边的茶树。还有一家家饭馆后厨飘出的油烟，以及大批量游客上山制造出的垃圾……

作为旅游景区，木栅是成功的。

作为历史茶区，木栅是失败的。

不过我还是经常建议到台湾旅游的学生可以到木栅看一看。毕竟离台北市区很近，当天就可以跑一个来回。

先是猫空缆车值得一坐，还可以参观一下张乃妙茶师纪念馆，再在茶山上吃一顿农家菜。

对了，铁观音味道的冰淇淋也还不错。七分苦三分甜，绝对不输日本的抹茶味冰淇淋。

至于木栅铁观音，就算了吧。

既成景区，难为茶区。

佛手茶

· 三种佛手要分清

闽南茶区，有一座观音一尊佛。

观音，指的是安溪铁观音。

佛，指的自然便是永春佛手。

在中国叫“佛手”的农产品，一共有三种。其一，是芸香科柑橘属的佛手柑。其二，是葫芦科佛手瓜属的佛手瓜。再者，便是山茶科山茶属的佛手茶了。

作为一个北方人，很长一段时间里这三样东西我根本分不清楚。

当年翻阅清代的茶学文献，便发现过“佛手”的踪迹。乾隆皇帝配制一款三清茶，里面就是加了梅花、松子与佛手。当时我还纳闷，乾隆皇帝竟然还爱喝闽南乌龙茶？后来才知道，清宫的三清茶里放的不是佛手茶，而是佛手柑。

前些年到了地处于闽南的泉州，看到饭店里有一道菜就叫“清炒佛手”。心想着，敢情这佛手不光能配在乾隆爷的茶里，竟然还能热炒？赶紧点了一盘，菜端上桌才发觉似乎又不太对。

一打听，炒着吃的不是佛手柑，而是佛手瓜。

佛手茶 · 干茶

原来佛手瓜在闽南是当家菜，不光能切片快炒，还可以蒸或煲汤。若是嫩梢掐下来，则叫作“龙须菜”，清炒格外爽口。这些都是我在北京城，闻所未闻的美食。

闹了两次笑话之后，佛手柑、佛手瓜、佛手茶，我总算是分清楚了。

各位莫怪我啰嗦，实在是现在“多聊茶”里有着天南地北的同学们。保不齐就有的同学，像我当年一样分不清这三种“佛手”呢。

梳理清楚了这三样“同名同姓”的农副产品，有助于我们更好地理解闽南名茶——永春佛手。

佛手茶，与佛手瓜无甚关系。

佛手茶，与佛手柑大有渊源。

· 老僧妙法种佛手

传说在清朝康熙年间，有一位高僧大德居住在闽南安溪县金榜村的骑虎岩。守着一片柑橘林，自耕自种，自给自足。农闲之时，老和尚就品茗礼佛打发时光。

有一天，他口啜茶汤，眼望橘林，心里不由得一动：如果能让茶汤里，带着佛手柑特有的香味，那该多好呀！

于是乎，他在当地茶农的帮助下，剪下几枝乌龙茶，嫁接到佛手柑树上。几经波折，最终成活。制成的茶叶色、香、味独具一格。于是，骑虎岩的老和尚便将这个新品种命名为“佛手茶”。

关于这个传说，我曾与原永春县茶叶公司经理陈慧聪老师讨论。陈老师茶学专业出身，思维非常严谨。他认为，芸香科与山茶科的植物，几乎不可能嫁接成功。传说虽美，但却有点不符合科学。

从理性角度，我自然是同意陈老师的看法。但从感情角度，我却希望这样的传说存在。

这就如同《三国志》是正史，但《三国演义》也有自己的价值存在。

不可否认，还有很多人都是通过这不够严谨的《三国演义》而喜欢上中国历史的。甚至于，主动找来枯燥的《三国志》去翻看。

名茶的传说，即是一种演义。

既精彩又美丽，我们要是较真，倒是不解风情了。

不妨就让它吸引更多人来爱茶吧。

传说中的骑虎岩，又名飞凤岩，位于今日的泉州市安溪县虎邱镇金榜村。我当时是从安溪县城中心出发，开车大约一个半小时即抵达。

骑虎岩寺历史悠久，始建于南宋理宗绍定五年（公元 1232 年）。在骑虎岩古寺的院里，就竖立着一尊巨大的佛手柑雕像。不远处，还有当年首次接种“成功”后留下的两株母树。

寺旁有茶摊，我要了一壶佛手。茶很一般，器也不讲究。但你别说，在骑虎岩喝好像就是别有一番风味。

喝茶，能让人身心愉悦。

身的愉悦，是口感与体感。

心的愉悦，是文化在起作用。

你看，这便是传说的力量了。

· 佛手究竟什么味

传说归传说，佛手茶与佛手柑还真是有些相近之处。

首先是叶形。佛手茶的叶子，算是闽南诸茶中最为特别的一种。鲜叶大如掌而呈现椭圆形，叶面扭曲不平。主脉弯曲，质地柔软。从侧面看，有一层黄绿色的油光。

而这一切，又都与佛手柑的叶子出奇的相似。说两者是近亲，八成有人会相信。

传说，也从不是空穴来风。

再者是味道。有的人认为，佛手茶冲泡出来，有一股如佛手柑般的香气。因此，佛手茶又名“香橼”。

为了验证这一点，我曾经一下午喝了十余款佛手茶，可还是没找到这种味道。当然，厕所倒是跑了不少趟。

那么佛手到底是什么味道的呢？这件事我一直在思考。

佛手茶颗粒硕大，形如闽南咸饭中必放的“海蛎干”。手捻茶叶，轻轻丢入瓷壶中。触感明显的佛手颗粒滑过掌心，落在壶底，声响出奇的清脆而厚实。

自然，这壶我提前温热过。佛手入器，干香骤起。提鼻子细嗅，是

作者赴马来西亚探访佛手茶

明显的果香，但不是佛手柑的酸爽，而是一种清香。那是一种果糖伴随着果酸的混合味道，让人可以联想到咬一口便汁水横流的梨子。

至于茶汤，总觉得有冰糖水的口感。当然，茶所特有的苦与涩还都在，二者平衡而劲道。只是细细品味，每一口茶汤的后调，都还透露着轻淡的甘味。

这种甘味不张扬，但不代表不持久。茶汤划过口腔咽下，苦与涩迅速生津，而那一丝甘味，一直存留在嗓子里。

别的茶回甘在口，佛手茶回甘在喉。

有一天闲谈，慧聪老师告诉我：佛手还有个别称——雪梨。

没错！就是这个味道。佛手的茶汤，正是小火炖煮梨汤的感觉。

我心中的佛手，可能便是梨汤的味道。

但佛手的清甜，又与铁观音不同。哪里不一样？我与慧聪老师讨论过这个问题。最后得出的结论是：

铁观音的茶汤，自带一种“张扬”。

佛手的茶汤，更凸显一种“柔顺”。

佛手鲜叶大而薄，叶面角质层极薄，且叶面上有明显的突起。因此对于做茶师傅的摇青手艺，要求非常高。

摇青过重或过急，都会导致摩擦过度。鲜叶“过红”，即发酵度过深。这样制出的茶汤，口感混沌不清，根本喝不出清甜之感。

一定要耐着性子，手劲从轻到重，时间从短到长。前后历经四次，方可大功告成。从摇青手法上看，佛手和单丛倒有异曲同工之妙。怪不得，二者口感中都带着一种“清甜”。

· 游子心中一杯茶

值得注意的是，佛手虽发源于安溪，但却光大于临县永春。所以今天谈起这款茶，一般都直接叫作永春佛手。这就跟安溪铁观音、漳平水仙一样，都是产地名加品种名。

但在安溪、永春乃至整个闽南，佛手却没有多大的名气。倒是在港澳台，乃至于新马泰，有着不少佛手茶的铁杆粉丝。在 20 世纪 80 年代，80% 以上的佛手茶都用于出口创汇。

原来福建永春县，有着“下南洋”的传统。现如今，海外永春籍的华侨人数要比永春县的人口还多五倍。这也就造就了永春佛手墙内开花墙外香的现象。

提起永春在外的游子，最为著名的便是台湾诗人余光中。细细留心会发现，他的诗集、散文集或是翻译作品，封面折口的作者简介上都会有“福建永春人”五个字。只是很多爱好文学的朋友不知茶，也就对“永春”二字不敏感了。

永春名茶·书法作品

余光中，却不能忘怀自己的家乡，这便有了名篇《乡愁》的问世。大家虽是耳熟能详，我倒想借机会再抄录一遍：

小时候，

乡愁是一枚小小的邮票，

我在这头，

母亲在那头。

长大后，

乡愁是一张窄窄的船票，

我在这头，

新娘在那头。

后来啊，

乡愁是一方矮矮的坟墓，

我在外头，

母亲在里头。

而现在，

乡愁是一湾浅浅的海峡，

我在这头，

大陆在那头。

2003年秋，余光中返回故乡永春县，当时地方政府还举办了“余光中原乡行联欢会”。余先生此行，专门为佛手茶写下了“永春佛手茶，乌龙茶中极品”和“桃源山水秀，永春佛手香”的字句。

余光中关于家乡的记忆里，自然也有一杯如梨汤般甘甜的佛手茶。

去年我在马来西亚出差时，请了一位当地华人开车兼翻译。这位司机师傅姓林，不到三十岁的年纪。上车一聊天，籍贯便是福建永春县。

小林师傅家，其祖父下南洋讨生活，最终到吉隆坡定居。不要说他，就是他的爸爸也都是在马来西亚出生的了。因此，永春对于他来讲只是传说中的故乡，既神秘又陌生。

我问他：提起永春，你会想到什么？

小林师傅毫不犹豫地回答：佛手茶。家里几辈人，一直习惯喝这个。

还有什么呢？我追问。

小林师傅略加思考：永春香醋。

五千里，三代人，思乡之情，看似变淡，实则是浓缩在食物当中了。

食物是一种宽慰，可以缓解外出游子的思乡之苦。

食物也是一种记忆，从永春一直绵延到吉隆坡……

后来我到马六甲的鸡场街（Jalan Hang Jebat），发现竟然还有一座规模不小的永春会馆。赶上没有什么特别活动，会馆里只有一位看门的老伯，自然也是永春籍。

老伯壶里泡着茶，一闻就是佛手。讨一杯喝，味道浓淡适中，想必老先生也深谙此道。

于是我问他，佛手茶是香橼的味道？还是雪梨的味道？

他回答：是故乡的味道。

20 世纪 80 年代 · 黄金桂包装纸（作者自藏）

黄金桂

· 热门与冷门

我曾写过一本叫《北京深处》的书。

所谓“深处”，其实就是指比较冷门的地方。

我是想告诉大家，北京城里不光是有故宫、颐和园、南锣鼓巷、798……也有智化寺、白云观、四大部洲、历代帝王庙等有趣的景致。

20 世纪 70 年代 · 黄金桂出口包装及说明（作者自藏）

我将这些小众的文化遗迹整理成书，出版社的编辑美其名曰“75 处尘封秘境”。

据说此书已经脱销，后又继续加印。

绝不是我书写得好，而是大家对于这样不为人知的景致，总是充满了兴趣。

逛景与喝茶，其实是一个道理。

拿闽南乌龙来讲，最为人所知的自然是铁观音。

但闽南乌龙的风采，却又不是铁观音一款茶就能代表。

以安溪县为中心的闽南茶区，是茶树基因的宝库。

安溪的茶树品种，整理出来的就有 64 个之多。

在首批 30 个国家级茶树良种中，安溪就占了 6 个。

分别是：铁观音、黄金桂、本山、毛蟹、梅占、大叶乌龙。

其中前四个，又被称为安溪乌龙茶四大当家品种。

这话听起来，像是四个品种旗鼓相当，并驾齐驱。

可如今市面上，能看到的闽南乌龙茶却只有铁观音。

其余的茶树品种，这些年都被埋没了。

黄金桂，又是地位下跌最严重的一种。

· 魏珍与王淡

关于黄金桂的起源，在闽南大致有两种说法。

第一种说法，时间是清代咸丰年间，地点是安溪县虎丘镇罗岩村。

茶农魏珍路过北溪天边岭，偶遇道旁茶树开花，姿色绚丽惹人注目。

于是老魏摘折枝条带回，种植在房前屋后。

而后又用压条的办法繁殖，陆续扩大到 200 余株。

既然小有规模了，老魏便想着试着做做看。

为了探索这种茶树品种特性，他便决定单独采摘制作。

制成干茶后，请邻居前来品尝。

结果冲泡后未揭杯盖，高强的香气便似要喷发而出。

由于香气极好，此茶便得名“透天香”。

又根据其叶色嫩黄，而取雅号“黄棪”。

第二种说法，时间也是清代咸丰年间，地点也是安溪县虎丘镇罗岩村。

只是故事的主人公，换成了一对小夫妻。

据说是罗岩村的青年林祥琴，娶西坪乡女子王淡为妻。

按照当地习俗，新娘新婚后要回娘家“对月换花”。

也就是说，新娘要从娘家“带青”回婆家。

因为茶树有忠贞之意，入婚俗由来已久。

新娘子王淡，带回林家的是一株野生小茶苗。

经小两口精心照顾，最终成活。

单独采摘制成的干茶，色如黄金，芳香无比。

因为方言中“王”与“黄”同音，此茶便起名为“黄棪”。

据说小两口种下的这棵树，最后长到了两米高，主干直径有碗口粗细，年产量十余斤。

1967 年底，因要盖房而移植，最终死亡。

以上两个民间传说，虽然主人公不同，但却仍有很多相似之处。

总结下来，此茶树品种发源于闽南安溪县虎丘镇罗岩村。

起初的茶名为“透天香”，后雅称为“黄棪”。

时至今日，问世已有 150 余年。

20 世纪 70 年代 · 黄金桂出口说明（作者自藏）

· 辉煌与落寞

那么“黄棪”，又是如何改叫“黄金桂”的呢?

1940 年，安溪县罗岩金泰茶庄将“黄棪”单独制作出售。

讨了个口彩，标明为“黄金贵”。

后来有安溪罗岩林姓茶商在新加坡开设茶行，以“黄金桂”为字号。

由于生意兴隆，竟有大商行来买“黄金桂”三个字的使用权。

双方洽谈，最终以三十万元成交。

此事之后，黄金桂的茶名也就算确立了。

我很早就知道黄金桂，但真正遇到它，却是很靠后的事情了。

大致是在 2012 年，机缘巧合下，我收集到一批 20 世纪七八十年代的茶叶出口宣传资料。

这批资料有十余张，都是当时出口茶叶的拳头产品介绍。

每一张小卡片是一种茶，上面写有中英文说明，以及货号和规格。

据我推测，应该是出口产品订货会上发给外商的参考资料。

其中大部分的内容，涉及“中国土产畜产出口公司上海市茶叶分公司”。

只有三张的内容，属于“中国土产畜产出口公司福建省分公司厦门支公司”。

分别是铁观音、茗香和黄金桂。

其中黄金桂的宣传纸上写道：

“黄金桂（又名黄旦），产于福建乌龙茶著名产地安溪，系优良茶树品种之一。成品以独特清高的香气和醇厚回甘之优美滋味而著称。历来深受饮茶嗜爱者所赞赏。”

这张小卡片，便是我与黄金桂的第一次邂逅。

虽然知道了这款茶，但是市面上却找不到。

前后询问了很多人，都说“黄金桂”没人要，早就不做了。

我当时是满心狐疑。

既然是当年出口的拳头产品，怎么如今却没人要了呢？

是当年的人不懂茶？

还是如今的人不懂欣赏呢？

如今回想，当时正是新工艺铁观音红火之时，又哪里有黄金桂的戏份呢？

· 国外与国内

我真正喝到黄金桂，是在马来西亚。

那一次的目的，是拜访吉隆坡的两所老茶行。

行程之余，便去紫藤茶艺学习中心交流。

紫藤的茶文化教学开始于 2000 年，是大马最具影响力的茶学教育机构。

紫藤中心不仅常年在吉隆坡开设有茶课，还编辑出版了中英双语的《约会中国茶》。

在马来人为主体的国家，宣扬发展中国茶文化，是很不简单的事情。

蒙陈婵菁、黄淑仪、曾智勇等同行招待，那天下午喝到了不少好茶。

既然身在大马，紫藤的茶自然也以六堡茶居多，但兼有一些乌龙茶。

而在这些乌龙茶中，我竟然发现了黄金桂。

询问后才得知，在马来西亚的老华侨中，仍有不少人是黄金桂的拥趸。

所以这些年，他们仍坚持下订单给安溪，请当地茶农制作一些小品种乌龙。

国内的名茶，却在南洋才能喝到。

这是不是也算他乡遇故知了？

我赶紧请了两盒，回酒店后迫不及待地开汤冲泡。

温杯后投入干茶，香气便马上溢了出来。

黄金桂的香气，非常综合复杂。

初嗅有熟果香，后又有花香伴随而来。

注水出汤，水色金黄晶莹。

比之铁观音汤色更亮，有点像上等秋梨膏汤的样子。

轻啜一口，甘冽清甜。

香又醇，滑不腻，湛且重。

清劲而不失温厚，甘沁而又占灵动。

别看外形相似，但口味上与铁观音可谓是天差地别。

孰高孰劣？

难分高下！

闽南乌龙茶的出口名品，绝非浪得虚名。

· 丰富与同质

1987 年，陈椽教授曾为闽南乌龙茶题词称：

铁观音称王，黄金桂称霸。

毛蟹将继起，香味溢九州。

三十年后看起来，陈教授的四句话只说对了一句。

铁观音，确实短暂地称王于中国茶界。可黄金桂没能称霸，毛蟹、本山更没有继起。

究其原因，还是事事求快的思路所决定。

铁观音，是闽南乌龙茶中的名品。市场认知度高，利于茶商的销售。

既然铁观音好卖，又有谁不愿意大赚快钱？

既然铁观音好销，又有谁还愿意多费口舌？

于是乎，闽南乌龙茶便都以“铁观音”的身份登场。

铁观音，装在铁观音的盒子里。

黄金桂，也装在铁观音的盒子里。

至于本山、毛蟹、佛手，自然也都是如此。

当年的闽南名品，都成了羞于提及的茶树品种了。

可是真的假不了，假的真不了。

黄金桂也好，佛手、本山也罢，都是具有鲜明个性的茶类。以它们冒充铁观音，总不是长久之计。

接下来，便开始了砍树运动。佛手、本山、黄金桂，大量的茶树都被砍掉。

为何？

腾出空间，种植铁观音。

铁观音的短暂成功，却给闽南茶区带来了重创。

我这几年在闽南茶区，看到的便是茶树多样性的破坏。

这便是"铁观音火热"的后遗症。

其实这样的现象，如今比比皆是。

不管是北京的南锣鼓巷、厦门的鼓浪屿，还是成都的宽窄巷子，里面出售的美食都极度相似。

大鸡排、羊肉串、臭豆腐，再加上珍珠奶茶。

各地的特色美食呢？

都和黄金桂的命运差不多，成了需要保护的小众文化。

丰富性，本是中国饮食的特色。

同质化，却成中国饮食的现状。

覆巢之下，焉有完卵？

中国茶市场，也正向高度同质化方向发展。

黑茶，不只有普洱。

绿茶，不只有龙井。

闽南乌龙，也不只有铁观音。

没喝过的，总比喝过的多。

这才是中国茶的特色。

这也是中国茶的乐趣。

金萱茶干茶

金萱茶

金萱，是我最早接触的台湾茶之一。

十余年前，她曾掀起一阵台茶旋风，在海峡两岸火爆一时。

但时至今日，有些人甚至连她的名字都未曾听闻。

与许多茶界新秀一样，她的风光最终也只是昙花一现。

金萱，因何而兴起？又因何而衰败？

咱们慢慢聊。

· 四大门派

金萱，既是茶名，也是茶树品种。

而要想了解台湾茶，必须从茶树品种入手。

我们，也要从金萱茶树开始聊起。

茶树品种涉及农学领域，多少有些枯燥。

其实，问题也十分简单，我不妨给同学们来个比喻。

台湾茶界，犹如江湖。

各个优异树种，可比做武林高手。

高手数量众多，搞清楚要费一番脑筋。

没关系，我们可以再将这些武林高手，分为四大门派。

即本土派、外来派、发现派和改良派。

其中本土派，最为势单力孤。

基本上只有“台湾山茶”一个代表品种。

以后找机会单独为它写一篇“札记”，这里就不赘述了。

至于外来派，则就有得聊喽。

台湾茶叶，肇始于福建。

据连横《台湾通史·农业志》绪言中写道：

“嘉庆时，有柯朝者，归自福建，始以武夷之茶，植于桀鱼坑，发育甚佳，既以茶子二斗播之，收成亦丰，随互相传，盖以台北多雨，一年可收四季，春夏为盛。”

上文中“桀鱼坑”的详细地点，已经很难考证出来。

一般认为，就是在台北县（今新北市）的瑞芳镇。

我曾到过那里考察，是一处近海的山区。

从交通到气候，确实都是先民种茶的好选择。

地理不能准确认定，时间却可以说清。

最迟在清代中期，闽台先民就从大陆引入茶种到台湾，从而发展起茶产业。

此后，福建地区的优良茶树品种，陆续引种到台湾。

现如今，台湾茶区种植的水仙、佛手、铁观音、白毛猴、大叶乌龙、青心乌龙、青心大冇等茶树品种，都是由大陆地区引种而来。

海峡两岸，密不可分。

茶业一项，可见一斑。

以上这些品种，在台湾被统称为“外来派”。

“外来派”，是台湾茶树资源重要的组成部分。

除此之外，台湾还有一类“发现派”的茶树。

所谓“发现派”，就是在台湾种植茶园中，发现了变异的优秀单株。

加以遴选，进而培育，最终推广，自成一派。

大名鼎鼎的“四季春”，就是“发现派”茶树的代表。

最后，台湾茶树中还有一个不可忽视的“门派”，那就是“改良派”。

今天的主角“金萱茶”，就隶属于这个“门派”。

提到“改良派”，就要先讲讲他们的大本营“茶业改良场”。

茶业改良场的前身，即为创立于 1903 年的“台湾总督府殖产局附属制茶试验场”。

这是日本在台湾殖民统治时期所设立的茶业研究机构。

台湾光复之后，试验场于 1945 年被“台湾省行政长官公署农林处”接收。

公元 1968 年，更名为“台湾省茶业改良场”。

总场先后设立文山、鱼池、台东三个分场，以及冻顶工作站。

公元 1999 年，正式更名为“行政院农业委员会茶业改良场”。

这是我国台湾地区唯一的茶业辅导专业机构。

“改良派”茶树的名称，也就由此而来。

· 金萱出世

培育新种，是茶业改良场的重要工作之一。

从 1938 年开始，一直未曾间断。

1981 年 4 月 10 日，在数千个品种当中，由战后“台茶之父”吴振铎先生亲自推出选育成功的一款新品种茶树。

这个品种，在改良场成功育种的排列顺序是第十二位，因此学名“台茶十二号”。

又由于当时的试验代号为“2027”，因此台湾茶农习惯称它为“二七仔”。

但在爱茶人中，对于“台茶十二号”或“二七仔”的名字都很陌生。

大家更习惯称呼它的雅名——金萱。

金萱茶包装

金萱茶，以台茶八号为父本，硬心乌龙为母本，人工杂交而成。

它的父母，都是“外来种”茶树。

金萱，则算是“外省茶树第二代”。

当然，它也是台湾岛内自育出的“本省茶树第一代”。

对于台湾茶业，金萱茶意义非凡。

一经推出，金萱茶大受茶农欢迎。

时至今日，金萱种植面积全台湾第二，仅次于青心乌龙。

我曾在台湾的北部和中部茶区多次向当地茶农请教。

金萱作为一个新品种，大家为何都愿意接受它呢?

总结了多方意见，金萱的优点大致如下：

第一，产量高。

金萱的单位面积采收量，比老品种青心大冇、青心乌龙高 20% 至 50%。

第二，好采收。

金萱茶，萌芽整齐，长势旺盛，不管是人工还是机械采摘，都十分方便。

第三，滋味好。

如果说前两点优势吸引的是茶农。那么口味独特，则是金萱一度称霸台茶市场的主要原因。经过适宜的加工，金萱茶会带有一股天然的奶香。若再加以适当的烘焙，这种奶香会更加彰显。由于这种奶香是天然形成，喝过的人都啧啧称奇。一经投入市场，马上受到了年轻族，特别是女性消费者的喜爱。

依据这种特殊的口感，聪明的茶商又给金萱起了一个别名——奶香乌龙。

市场的积极回应，增强了台湾茶农种植金萱的信心。

自 1981 年公布问世后，短短两年时间就遍布了台湾各个茶区。

至此，金萱茶稳坐台湾茶区种植面积第二的宝座。

· 茶有十难

作为茶界新秀，金萱茶出尽了风头。

但比起铁观音、佛手这样的老前辈，它还欠缺时间的考验。

果不其然，在红火了十年之后，金萱茶出了问题。

听台湾茶界的老人跟我讲，金萱的噩梦大约出现在 1996 年。

经过十余年的种植与采摘，老一批的金萱茶树开始逐渐衰老。

叶片变薄，内含物质开始减少。

所制出的金萱茶，奶香的风味大不如茶树壮年之时。

怎奈何，奶香乌龙已经是名声在外。

怎么办？

改良茶树，太慢。

精进工艺，太难。

于是乎，“聪明”的茶商们想出了一个投入少且见效快的办法：

加香精！

无良茶商，在金萱茶中填入大量人工奶精，以制造出奶香来蒙骗消费者。

真正金萱茶，奶香味是天然发酵的产物。

口感腴黏香甘，香气若有似无。

缓啜一口，唇舌间留下的是幽淡的奶甜。

至于“加料金萱”，我也有幸喝过。

那浓郁的奶香，绝对会让你有一种喝奶粉的错觉。

甜腻恶俗，毫无美感。

时至今日，一提起金萱茶，还是有很多爱茶人眉头紧皱。

奶香乌龙，变成了奶精乌龙。

畅销茶，也变成了滞销茶。

陆羽《茶经》中，曾讲过“茶有九难”：

“**一曰造，二曰别，三曰器，四曰火，五曰水，六曰炙，七曰末，八曰煮，九曰饮。**”

也就是说，想喝到一杯好茶，自生产到选购再到冲泡品饮，要经过“九难”方成正果。

后来我曾说，其实还应该再添上一句“十曰火”。

一款茶不火，让人发愁。

发愁的是销路。

一款茶火了，让人担心。

担心的是诚信。

供不应求时，茶商还能否保持冷静的头脑十分重要。

只有严防死守质量关口，才是度过“茶之十难”的不二法门。

· 辨别窍门

其实，中国茶界过不去这“第十难”的茶比比皆是。

金萱茶，加的是奶精。

金骏眉，加的是糖精。

很多同学都问我，如何分辨这种“加料茶”。

不妨，今天就一起讲讲其中的窍门。

老规矩，还是从美食讲起吧。

饮食之道，皆是一理。

在台湾，有一种当地小吃叫面线糊。

面线糊，也可简称为“面线”。

配的料头，也都与面线同在一个锅里。

若是加了新鲜的蚵仔，那就叫蚵仔面线。

若是加了大肠为浇头，那就叫大肠面线。

面线，顾名思义，就是如同浆糊般黏稠。

正因为有这股子浓稠，将陈醋的酸爽、蒜蓉的冲力、肉质的丰腴都包裹在了一起。

稀里糊涂一小碗，喝起来是五味杂陈。

台北最出名的是“阿宗面线”，创立于 1975 年，算是一家老店了。

但是，我几次去吃，体验都不太好。

问题出在哪里？

吃的时候，感觉太咸。

吃过之后，感觉太渴。

以我的小人之心揣测，这家面线里使用了“味精”，而且用量不小。

面线糊的甜美，靠的是食材的本味。

面线糊的鲜香，靠的是海产的精华。

而且由于是自然本味，口感会很综合。

甜中带鲜，鲜里透甜。

阿宗面线，试图将自然鲜味，用人工味精替代。

结果，复杂的鲜，变成了苍白的咸。

我一直不喜欢炒菜放味精，原因也就在这里了。

使用了“味精”的面线糊，宛若加了“奶精”的金萱茶。

乍一尝，新鲜热闹。

细一品，漏洞百出。

其实加了香精的茶，非常容易辨别。

添加了化学成分的食物，味道会变得单一而强烈。

大咸、大甜、大酸……

只要一沾舌尖，就能感觉满嘴的神经都被强烈的滋味冲击。

从而，立刻向脑部发出滋味的讯号。

所以很多刚刚接触茶的人，会被香精茶所吸引。

因为这种“加料茶”，香得浅薄，甜得直接。

至于天然的食材，味道会比较丰富。

在与神经味蕾接触之后，传达到脑部的时间比较长。

所以我们喝茶，才需要慢慢体会。

有时候一杯茶入口，马上能判断的其实只是“烫”与“不烫”。

而“甘”“润”“香”，乃至于“回甘”“喉韵”“生津”，都需要耐心等候。

等候茶汤的风味因子，一点点的在口腔中渗透开来。

一啜，滋味从舌尖到两颊。

一吸，香气由口腔入鼻腔。

一咽，气韵从喉咙进肠胃。

茶汤的魅力，如同中国水墨画中的笔触。

一笔落下，墨汁在宣纸上慢慢化开，洇散出无限精彩。

老人总说：路遥知马力，日久见人心。

好友，定能够深交。

好茶，禁得住细品。

至于那些“香精茶”，不过是浮躁社会风气的一点缩影罢了。

包种茶

高考前几天，去参加北京人民广播电台的一档节目。主持人现场出题，请我为即将高考的学子们推荐“考前饮茶”。不假思索，我推荐了包种茶。

“包种”，与“包中”二字发音相近。

包中、包中，包你金榜高中嘛！

说完了，我多少又有些后悔。毕竟对于老百姓来讲，包种茶实在是有些陌生了。若是常饮茶的人，可能听闻过它的芳名。也有人会脱口而出：“包种茶嘛，台湾乌龙的一种。”

此言差矣！

原清华大学校长蒋梦麟曾讲：

“乌龙及包种在国茶外销史上，有悠久历史，于台湾茶业经营，亦有重要地位。此二色茶叶，在世界茶叶产区中，仅我国福建与台湾二省产之……台湾之乌龙茶及包种茶，在南洋及欧美有稳固市场，年输出量曾达二千万磅之巨。”

蒋梦麟先生将乌龙茶与包种茶并列讨论，显然在他看来，两者不是一种茶。

乌龙茶与包种茶，两者不可以混为一谈。

那么乌龙与包种，两者到底有什么关联？又有什么区别呢？

台湾包种茶·老包装一组

台湾茶学前辈林馥泉先生曾为两者进行准确定义：

“乌龙茶与包种茶同属半发酵茶，仅发酵程度深浅不同而已，其制造方法大体相同。”

也就是说，台湾乌龙茶与包种茶都可以归属于如今六大茶类中的青茶（即部分发酵茶）。两者制作工艺近似，只是发酵程度深浅有所差别。

从广义上讲，台湾乌龙茶与包种茶，都属于如今的乌龙茶。说它们都是乌龙茶，也算不得错。

从狭义上讲，在台湾茶区说起乌龙茶和包种茶，则指的完全是两码事了。

台湾乌龙茶与包种茶，到底怎么区分呢？

据我数次到台湾茶区访茶的见闻来看，大致可从如下几点入手：

其一，采摘标准。制作包种茶的茶青，比制作乌龙茶所用之茶青略为粗大。

其二，日光萎凋。在这个问题上，包种茶与乌龙茶制作大同小异，仅是程度上有所差别而已。其中乌龙茶萎凋需求温度要高些，时间也要久些。包种茶萎凋需求温度要低些，时间也要短些。

其三，做青程度。做青最主要的目的是以轻动作令鲜叶彼此相互摩擦与碰撞，使叶缘细胞被擦伤，促进局部之发酵。包种茶的发酵度，仅是乌龙茶的一半。因此鲜叶在做青上，程度为乌龙茶的一半就足矣了。

其四，揉捻程度。如前文所讲，制造包种茶的原料更为粗大，因此揉捻时压力要较之乌龙茶稍重。又为了保证其清新的口感，揉捻时间反而要缩短为 6–10 分钟。

涉及制作工艺，难免稍带枯燥。若是你能顺利读下来，甚至还看得津津有味。恭喜！你对于青茶（即部分发酵茶）的工艺已经掌握到一定程度了。

一言以蔽之，台湾乌龙茶与包种茶的区别不在于用料，而在于发酵程度。

同样的软枝乌龙茶树品种，既可以做乌龙茶，也可以做包种茶。

台湾乌龙茶，发酵更重些。

台湾包种茶，发酵更轻些。

聊过了工艺，回头来再看看它的名字。包种二字，既不是树名也不是地名，更不是人名了。包种茶，名称到底由何而来呢？

林馥泉先生曾于 1956 年的一篇文章中写道：

“此种茶叶制成后，用方纸二张内外相衬，放茶四两包成长方形之四方包，包外盖以茶名及唛头印章，称之为包种，或运往福州加实香花包出售，或经由厦门直接运销南洋。此应为包种茶制造之开始，亦即包种茶称谓之由来，惜确实年代无可稽。”

以上文字，是如今关于包种茶名称由来最为权威的说法。

由此可见，所谓“包”应指的是“四方包”的包装方式。包种茶条索蓬松，装罐并不适合，由此，才发展起了手工打包的方式。现而今抽真空机大行其道，如果再想看看手工打的“四方包”，可还真得往老茶行里钻了。

至于“种”字，我曾听过台湾茶农的解释。原来制作包种茶，多数用的是青心乌龙树种。当地茶农，称这种茶树为“种仔”。用“四方包”来盛装“种仔”，这可能便是“包种”二字的由来吧？

名字探究到此为止，仅供大家闲谈所用。若是再动用文献考据学的功底，倒显得我大煞风景了。

毕竟，茶名只能是噱头。

茶汤，才是灵魂。

在台湾，包种茶的制作，稍晚于乌龙茶，大致起始于清朝同光时期。尤其是在台湾乌龙茶势衰之后，包种茶接棒成为台湾出口的当家茶。虽然数量不能与乌龙茶鼎盛时期相比，可也有一百万公斤以上的出口量，仍然十分可观。

但随着台湾茶区的开发，以及近些年高山乌龙茶的走红，包种茶渐渐被饮茶人遗忘。

时至今日，不要说出口，即使在台湾地区饮包种茶的人也不多了。

有一次讲课至此，下面的同学纷纷提问："老师，如今在哪里还能找到好的包种茶呢？"

一位同学快人快语："都说是文山包种，那么咱们就该登文山买包种喽？"

且慢！台湾有阳明山、阿里山，可就是没有文山呀！

文山，过去是一个行政区。就像北京的朝阳区，上海的静安区一样。到了日据时代，又称文山堡。文山所辖的范围，包括今天的新店、坪林、石碇、深坑、汐止等五个乡镇。在这一片出的茶，都可以叫作文山包种。

如今在这个区域中，又以新北市的坪林茶气氛最浓。一进坪林辖区，街巷两侧的茶店比比皆是。一眼望去，小小的街上竟然有数十家茶行。不少台北市的游客，也都驱车到这里选购文山包种。

但是，坪林茶街并不是选购文山包种的好去处。

为何这样说？

这还要从台湾包种茶，乃至两岸乌龙茶的制作传统说起了。

众所周知，乌龙茶的制作分为初制和精制两个部分。其中，初制大致分为萎凋、做青、杀青、揉捻与干燥。

当年产区的茶农，只需也只能完成初制环节。

经初制的茶，称之为"毛茶"。这样的茶，外观粗枝大叶，味道杂陈。而且水分偏高，一不留神还会返青变质。因此，毛茶不能够直接卖给消费者，也不适宜直接饮用。

这时候，城里的茶商就要登场了。每到制茶季节，茶行就会派人到茶乡去收购毛茶。有时茶农也会直接挑着毛茶进城，给长期合作的茶行送货。

毛茶进了茶行，还要再经过一番历练。先是进行除杂、整形、分级，然后再去焙火，最后还要拼配。经过一系列精制之后，方可包装出售。

今天很多产区的茶店，门口都会挂上“自产自销”的牌子。不明就里的人，还会错以为在这里买茶最正宗。

殊不知，台湾乌龙茶也好，包种茶也罢，旧时都并不存在所谓的“自产自销”。

茶农可产毛茶，但不掌握精致加工手艺，根本无法自销。

茶行收茶精制，再行出售即可。又何必要包山买地，去实行“自产”呢？

书归正传，继续聊文山包种。

旧时的坪林茶农，都是将包种的毛茶直接卖给茶行。他们一无精制手艺，二无门面字号，根本没法直接对接消费者。再者说，那会儿没有茶客会直接到产区买茶。坪林茶农，根本接触不到终端客户。

如今坪林茶街上百余家茶店，动辄就说自己是“百年老店”。这样的说法，有夸大宣传的嫌疑。若说是几辈人都做茶，这是有可能的。但做的都是毛茶，根本没法直接作为成品出售，又何来老店之说呢？

20 世纪 80 年代之后，台湾茶叶生产模式有了变化。拿坪林茶区来讲，虽然客观上生产的仍然是毛茶，但质量却已是今非昔比。现代坪林包种毛茶的外观，因为采摘与制作技艺的提高，品相与过去茶行里的精制茶几乎没有差异。茶一开汤，滋味清爽，馥郁花香，乍一喝还真是能唬住不少人呢。

现在很多人驱车赶往坪林茶街，选购文山包种茶。

自以为追溯到了源头，可其实只是买到了高级毛茶而已。

如果真想喝到正宗包种茶的味道，那还是要到老茶行里去寻找了。

坪林茶街的农户，摇身一变也似乎成了茶商。怎奈底子薄弱，根本没有精制茶叶的手艺。这些年也引进一些筛选机，将自己的毛茶挑拣整理。

再买上一些精制的包装，就把毛茶当商品出售了。

但是，坪林茶街上的包种茶，却缺少一道关键工序。

这道工序，是各家老茶行秘不示人的绝学。

这道工序，是产区众茶农制茶手艺的短板。

这道工序，就是焙火。

如今坪林茶街上的文山包种茶，像极了当年横行大陆的新工艺铁观音。以小清新的面貌示人，青汤绿叶，不知道的人还以为是绿茶呢。

但高级毛茶，也是毛茶呀！

偶尔喝之还不明显，若是长时间喝下去，任你是铁石的肠胃也要损伤。

新工艺、不焙火的铁观音害人不浅，我就不必多言了。

与铁观音一样，包种茶也必须焙火。

上好的文山包种茶，条索紧卷弯曲。干茶色泽呈现沉稳的青翠色，面带乌光。仔细分辨，其中绿中还要闪出一丝杏黄。开汤冲泡，水色以鲜丽的蜜黄色为上。以上几条，便是揉捻良好，焙火得法的表现了。

刚才是从视觉上讲，下面再说说嗅觉与味觉层面的体验。

这两天北京连阴雨，天气倒是难得的凉爽。以我的经验，室内温度稍低，最适宜饮香型高昂之茶。而包种茶与一般乌龙茶的区别，亦在于香气更为张扬显著。

应天顺人，取出一支自存传统工艺包种茶，伴着雨天慢饮。

包种茶之香，不是乌龙茶的天然果香，而是具有幽雅清冽的花香。茶汤还未沾唇，芬芳已扑面而来。若单是花香，也算不得新奇。仔细分辨，淡淡的花香中还伴着炒栗般的熟香。

薄云浓雾的潮湿天气，茶香更容易散发。若单是花香，闻久了嗅觉难免麻痹。一点熟香升腾，又使得鼻腔神经开始兴奋起来。香郁刺激，灵活万千。这样的享受，正是焙火得法所赐。

坪林茶街上的“高级毛茶”，万万出不来这股子气息。

作者探访老茶行焙茶间

每一口茶汤咽下，都饱含着浓浓的香气。犹如粽子中的蜜枣，你中有我，我中有你。水的甜，茶的香，相伴相随。但与其他茶又有不同，包种茶的香个性特别张扬，似乎不安心于水中，总是跃跃欲试，要脱颖而出。这股因焙火而来的熟香，极大程度地增加了茶汤的层次感和灵活性。

焙火，将一款茶的精气神儿都给逼出来了。

优质的焙火茶，宛如结构工整、意境高远的古诗。玲珑剔透，又自带风骨。好诗可常读，焙火茶更耐品。它带着一种迷人的魅力，余韵绵绵。

现如今，真正能静心读诗的人，越来越少了。

焙火茶无人欣赏，似乎也在情理之中吧！

红乌龙

· 美国茶会

一位留美的学生，最近发来信息“求救”。

“老师，今年中秋节，我们计划在大学里办一场茶会。”

“这是好事！”

“可是我们拿不准，泡什么茶好呢？”学生说。

“有什么计划吗？”我问。

“锡兰红茶怎么样？”学生试探着问。

“对于美国人来说，太俗了！”

“普洱怎么样？”学生接着问。

“又太深了，怕西方人欣赏不来。”

“老师有什么建议？”学生无奈地说。

“就用红乌龙吧。”我建议道。

“啊？”学生懵了。

“就是给你们带的蜜韵寿龙呀！”我补充说。

其实“蜜韵寿龙”四个字，是我根据文献取的茶名。北宋贡茶“细色第四纲”中，有一款茶名叫“无疆寿龙”，一听就带着皇家气息。

台湾山外山有机茶园

而我的这款茶，是红乌龙的工艺，又存放了几年，因此用“寿龙”二字倒也贴切。只是“万寿无疆”一类的话，是皇帝专属词汇，又因此茶汤带有浓厚蜜味，因此以“蜜韵”替代“无疆”，便有了这款“蜜韵寿龙”。

蜜韵寿龙，所用的正是“红乌龙”工艺。

· 红水乌龙

在讲“红乌龙”之前，我们还得先聊聊“红水乌龙”。

两种茶，一字不同，千差万别。

这也成了习茶之人理解红乌龙工艺的第一个难点。

红水乌龙在台湾可以追溯到清末。那时台湾乌龙茶的制造方法，采用武夷岩茶制法。轻萎凋、重搅拌、讲究烘焙火候，水色偏深，红艳，故有“红水乌龙”之名。

20 世纪 80 年代，原《茶与艺术》总编季野老师也曾用“红水乌龙”来形容传统冻顶乌龙茶。

但自从“清香型乌龙茶”大行其道之后，“清汤绿叶”被奉为至尊瑰宝。这种“红水乌龙”，则被看作是做坏了的茶，茶人避之唯恐不及。

以至于，很多人戏称，“红水”二字应该改为“洪水”，解释为“洪水猛兽”才对呢。

当然，随着“清香型乌龙茶”势衰，“红水乌龙”也正在被逐步“平反昭雪”。

总之，红水乌龙是传统乌龙茶的一种代称。

至于红乌龙，则算是一款创新茶。

没错，是创新。

· 台东茶区

讲红乌龙工艺，离不开台湾东部的茶区。

整个台东，算是台湾全省发展较晚的茶区。早在 19 世纪初，就有柯朝氏在台湾北部鱼鳞坑引种茶树。而台东直到 20 世纪六七十年代才有小规模的茶叶种植。

初期以做红茶为主，后期台湾茶叶出口受阻，于是转型做内销市场。在那个时期，整个台东都在做半球形的包种茶。

由于得天独厚的气候优势，台东春茶上市较早，而初冬还可以再产一批茶。这样一来，台东茶也就在初春和严冬弥补了台茶市场的空白。不少茶商来台东建厂生产，一时间台东茶区也是高手云集，为之后的发展打下了坚实的基础。

但除去早春和晚冬，台东其他时间内生产的茶，却没有竞争力。

原因何在？

成也萧何，败也萧何。

问题还是出在气候上。

到过台东、花莲一带的人都能感觉到，这个区域夏秋两季日照强且久。人多抹些防晒霜就是了，茶树则要处于曝晒之中。

这样环境下萌发的嫩芽嫩叶，儿茶素类物质含量很高。做出的包种茶，非常容易带有苦涩味。

可是夏秋两季，约占全年近八成的茶产量。换句话讲，台东五分之四的茶质量都不高。对于一个茶区来讲，这样的数据不容乐观。

为突破茶区困境，台湾茶业改良场台东分场场长吴声舜，提出顺应茶性，发展重萎凋、重发酵的乌龙茶新制法。

因茶汤水色橙红，口味柔和酷似红茶，因此提议取名“红乌龙”。

蜜韵寿龙·干茶

红乌龙 · 茶汤

· 两全其美

茶如其名，红乌龙是结合了乌龙茶与红茶之加工特点，而进行重组创新的茶类。

正因如此，我才推荐学生在中秋茶会上泡“蜜韵寿龙”。

红乌龙，本就能满足西方人喜闻乐见的红茶口感。但除此之外，却又能平添几分不同的体验。

投茶入壶，提鼻轻嗅，甜香的气息，淡淡地弥散开来。

沸水激茶，片刻出汤。啜茶入口，香气冲扬。清澈悠远，回味渐浓。

但觉，有一股子芬馥升腾。

乌龙的茶底犹在，化作了茶汤的筋骨。那丝丝的蜜香甜味，就是清苦茶汤间的一抹艳丽。

我在台湾老茶行里聊天，曾听人念过四句关于红乌龙的打油诗。时间久了，记忆模糊，大致抄录如下：

红色茶汤鲜果香，甘醇回味扑鼻梁。

一芯二叶手工采，冷泡滋味透心凉。

虽是顺口溜，倒也算贴切。

红乌龙，暗合着中国人处世哲学中的中庸之道。

不左不右，两全其美。

· 双重手法

原先的乌龙茶界，发酵度最重的茶要首推“东方美人”。

现如今，“美人”也要让出这首把交椅了。

红乌龙，是目前发酵度最重的乌龙茶。

重发酵，也是红乌龙的一大特征。

当然，发酵度再高，红乌龙也还是乌龙茶。

因此，焙火成为红乌龙的又一特色。

焙火工艺，是所有乌龙茶的点睛之笔。

浴火重生，是所有乌龙茶的必经之路。

只是火工程度，或轻或重而已，断没有不焙火的道理。焙火，算是乌龙茶的点睛之笔。

不焙火，再好的乌龙，也是有眼无珠了。

拿红乌龙来讲，若是没有精制过程中的焙火工艺做支撑，那款“寿龙”的“蜜韵”是万万出不了的。

“蜜韵”，就是巧妙的焙火工艺，给红乌龙带来的亮点。

也有人说，制茶的重发酵、重焙火，犹如是烹调中的烧烤，都属于“粗野手法”。唯有清香型，才如淮扬菜般细腻，是上等的美味。

红乌龙，真的不如绿乌龙吗？

当然不是。

清蒸也好，烧烤也罢，本都是烹调手段，绝无贵贱之别。

轻发酵也好，重发酵也罢，也都是制茶技法，更没有优劣之分。

何时用清蒸？何时用烧烤？

全看食材。

何时轻发酵？何时重发酵？

都依茶性。

说到制茶，未免枯燥。我还是从美食聊起吧。

在日本东京的银座附近，有一座名为“Yakiniku Ushigoro”的烧肉馆。几乎是我每次到东京，必去吃一下的店。

馆子不大，也就是七八张桌子。与我们印象中的烟熏火燎的烤肉店不同，这家店窗明几净，到处看不到一点油腥。要是不说，你还真以为是吃高档寿司的店呢。

桌子都有洞，客人坐下后会有服务员提来一只铁盆，里面是烧红的木炭，一点烟都没有。

不出意外，店家建议客人不要亲自动手，而是由服务员代劳烤肉。这可不是为了提供高档服务，而是对食材负责。

毕竟，客人不会烤。

你到其他烤肉店转一圈就会发现，似乎人人都会“烤肉”。把肉往铁篦子上一放，上下翻动几次，就可以吃了嘛。

可其实，想把肉烤好了却非常难。

店里的侍者，都经过专门的训练。第一重身份是服务员，另一重身份是烹饪家。

只见他夹住了一块厚切肉，快速地在通红的篦子上滑动。上下翻飞，并不让肉与火真的接触上。眼瞅着肉色由生转熟，香气也就跟着冒出来了。

趁热吃，味道太美。烧烤手法所激发出的独特肉香，绝不是炒肉、蒸肉甚至炸肉所能替代的。

又因火候拿捏到位，肉质的嫩感甚至不输给开水汆烫出的肥牛。肉质纤维清晰，且咬下去还有满口汁水。

捧着肚子往酒店走，不禁感叹：

烧烤，也是大学问。

写到这里，不禁又咽了一下口水。

赶紧说回到红乌龙。

重发酵，重焙火，既是红乌龙的特点，也是难点。

毕竟，是发生在叶片中的生物化学反应。没有仪器可以监测，更没有个按钮能够一键叫停。

少一分，茶汤会不够圆润。

多一寸，又会变成红茶。

发酵度的拿捏，焙火度的把控，考量的是制茶师傅在传统乌龙茶上的造诣与修为。

· 不忘根本

归根结底，红乌龙的制茶工艺逃不脱乌龙茶的基本功法。只是融入了部分红茶的思路，给这款茶带来了崭新的面貌而已。

红乌龙虽使用创新工艺，但却不忘本。

就因为它的工艺里面，处处可见传统“红水乌龙”的痕迹。以至于我不说，很多人还以为红乌龙是地道传统的工艺茶呢。

这样的创新，不可谓不成功。

我从不认为，制茶工艺不该创新。

今日之传统，即昨日之创新。

明末清初，武夷山制作出了红茶，算不算创新？

当然算。

台湾客家人，利用被小绿叶蝉叮咬后的茶青，制出了“东方美人”，算不算创新？

自然也算。

可见，创新绝不是错误。

可创新必要做到三条，方可成功。

其一，要有传统工艺的根底。

今天总讲“传承”，其实应该是“承传”才对。只有继承了传统，才可以发展与创新。因果关系，切不可颠倒。

其二，要顺应茶之本性。

台东发展红乌龙，乃顺其茶青儿茶素含量高的特性。如今市场的某些新工艺，只看重市场需求。白茶火热，一律做白茶。饼茶好卖，恨不得红茶也要压饼。全然不顾茶叶的适制性。这样的创新茶，到头来往往是昙花一现。

因材施教，方成正果。

其三，要坚持不懈的修正与完善。

今日之传统工艺，绝非一蹴而就，而是经过几辈制茶人的努力，千锤百炼而得。现如今事事求快，自然难做出好茶了。

京剧大师梅兰芳先生，新中国成立以后努力适应新社会的要求，改革旧有的戏剧内容。其间，梅先生秉承的原则即“移步不换形”——也就是努力说新、唱新的同时，也尽量保留传统京剧艺术的精髓所在。

直到梅先生晚年，仍编排了新戏《穆桂英挂帅》。现如今，此戏已成为梅派传人必会、必演的“传统戏”了。

红乌龙，犹如茶界的《穆桂英挂帅》。有朝一日，必可列入传统。

却不知，现如今的许多创新茶，几年后是否还有缘相见？

东方美人

前一段时间，与同学讨论“最美茶名”的话题。粗略统计，有超过50% 的同学将这一票投给了东方美人茶。看起来，喜爱“美人”的“好色之徒”还不止我一个人。

东方美人宛若舞台上的佳丽，对于台下的观众来讲“既近也远”。说关系近，那是因为东方美人蜚声海内外，可谓无人不知、无人不晓。名气虽大，真正喝过的人却又寥寥无几。偶尔品尝过的人，也多数是知其然不知其所以然。

有的人喝了半天，还一直以为它是红茶呢。

东方美人，是乌龙茶中的仙品。

我国的乌龙茶产区，分为闽南、闽北、潮汕、台湾四个。东方美人，缘起于台湾茶区。在台湾茗茶中，拥有别称最多的，可能就是东方美人茶了。

哪位不信？我来帮您数数看。

除去东方美人，它还叫“膨风茶”“番庄茶”“五色茶”“白毫乌龙”以及“香槟乌龙”。挂一漏万，请各位继续帮我补充。光是我随口算下来，便已经是“一茶六名”了。

其实读透了这些茶名，东方美人就可谓喝懂了一大半。

日据时期 · 台湾茶叶海报

先说“东方美人”这个名字。别看它给人以美轮美奂之感，其实这款茶本质上却是不折不扣的残次品。

饮茶是唯美之事，可种茶、采茶、制茶却是名副其实的苦差事。经营台湾茶园，除去冬天茶树休眠之外，几乎永不得闲。每年的春茶，从谷雨前开始采收，逐渐进入高峰期。采过的茶园来不及多打理，又得赶紧忙活着头采茶的制作。

等忙完第一批茶，再到茶园一看，糟糕，第二茬新叶已经被虫子叮咬了。

前来捣乱的虫子，学名“小绿叶蝉”，也称“浮尘子”。这种小虫身体呈黄绿色，体积不大，约只有 2.5 毫米。我曾在课堂上展示“小绿叶蝉”的照片，竟有同学用“可爱”二字加以形容。希望这话，不要让茶农听到才好。

小绿叶蝉，并非台湾茶区独有，而是广泛分布在我国南方地区。我收藏有一本广东省土产公司于 20 世纪 60 年代编写的《茶叶手册》，其中“害虫”一章中，“小绿叶蝉”榜上有名。这种小虫子嘴还特别刁，只喜欢刚长出来的嫩芽嫩叶。而且人家还不是吃，而是吸食芽叶里面的新鲜汁水。

昆虫界的吃货，小绿叶蝉得算一个了。

凡是被小绿叶蝉叮咬过的新芽嫩叶，马上变得形状卷曲，色泽萎黄，停止生长。这种品相的茶田，要是换成一般人也就放弃了。可是这件事，偏偏发生在桃竹苗（桃园、新竹、苗栗）地区客家人的茶田中。于是乎，剧情有了翻转。

客家人以勤勉著称，舍不得白白放弃了这片茶田。他们照样把枯黄的嫩叶摘下来，照常萎凋、静置、揉捻，熬夜做成毛茶。然后，瞒着乡里乡亲，自家挑着担子送到洋行里卖。洋行里的买办一喝，不由得大吃一惊。眼前这茶卖相一般，但是口感却出奇的甘醇爽口，蜜香浓郁。

比起之前收到的高档红茶，又不知细腻了多少倍！

洋行的人嘱咐茶农，像这样的茶有多少要多少，价钱不是问题。后来此茶被洋行贩运到英国，更是一炮而红。醉人的蜂蜜香，伴着浓郁的水果甜，让原本的“残次品”咸鱼翻身，更是在英国皇室内部造成了一股饮用风潮。

此茶给人带来的惊艳之感，绝非“香甜”能描述清楚的。想来想去，只能用“华丽”二字形容最为恰当。加之来自遥远的中国，出身不凡。英国人便给它起了一个好听的名字——东方美人。

东方美人茶，到底在海外有多高的地位？我们不妨来看一组价格。

1941 年，台湾的稻谷每千斤的价格为 90 日元。同年，来自北埔、峨眉两地的顶级东方美人茶的售价则为每斤 1000 日元。也就是说，20 世纪 40 年代东方美人价格，几乎是稻米价格的 10000 倍。

东方美人・干茶

再说偷偷来卖茶的农民，高高兴兴地回到村中，拿着钱向乡亲夸赞说，被虫子叮咬过的那批茶青，做出茶来竟然可以卖出大价钱。邻居当然不信，笑他“椪风”。现在有的茶包装，也就写作“椪风茶”或“膨风茶”，出处便是这里了。

这“椪风”二字是客家语，大致便是吹牛、说大话的意思。东方美人茶，缘自客家人的茶田，时至今日也多是客家人在制作。我不懂客家语，而很多客家茶农也不善于讲普通话或是闽南语。因此，我上次到峨眉乡探访东方美人，还特意请了一位客家出身的老师做翻译。

我曾向当地客家茶农，请教“椪风茶”的来历。一方面，他们认可“吹牛说”。同时，他们也讲到，东方美人条索蓬松，不似其他的乌龙茶那般紧结。“膨风”二字也有其形的意境，所以至今沿用。

东方美人茶，卖出高价绝非“槛风”。可当年洋行的买办，哪一个不是评茶的内行？被虫子叮咬过的“残次品”，又是如何卖上高价的呢？

东方美人的制作，须得天时、地利、人和三者合一。

先说天时，指的就是气候变化。要知道，小绿叶蝉可不是每年都会如期而至。有时候天气不够炎热，抑或是本地自然条件变差，小虫子则是绝对不会光临。没了小虫子的叮咬，东方美人独特的“华丽口感”就怎么也做不出来了。所以不得不说，茶青被小虫子叮咬这事，也算是塞翁失马，焉知非福了。

再谈地利，那就是茶园的环境。小绿叶蝉脆弱，几乎任何农药都能将其置于死地。因此，想要做出东方美人的茶园，必须是有机无公害。要不然，小绿叶蝉才不会过来助你一臂之力呢。

至于人和，最为重要。每年芒种季节的梅雨季，是东方美人的采茶时节。为了观摩东方美人茶的制作，我曾专程在这个时间赶到台湾。暑热加上闷湿，走在路上几乎就要昏过去，却还要下地采茶。这种辛苦，只有客家妇女才受得了。

但是现如今，制作东方美人的“大军”眼看就要后继无人。年轻一辈认为，你给的工钱还不够我买防晒霜的呢。以至于，茶田里剩下的都是祖母辈的“老茶人”了。我总开玩笑说，随便问三位采茶女的年龄，加在一起保证超过 200 岁了。

不仅是采摘，东方美人的制法也比较繁复。一般自采摘起十二个小时之后，才可以开始下锅炒制。因此，基本上都是上午采的茶青晚上炒，下午采的茶青，则要隔天做了。东方美人的重萎凋，即体现在这里。

杀青之后要先回软，用布包裹，小火慢慢炒。等茶青返潮之后再去揉捻，之后再行干燥，方成为毛茶。而在炒青之后揉捻之前，有经验的师傅还会趁热将茶叶用湿布包裹闷置 20–30 分钟。

这种工艺处理，称之为“炒后闷”。

复刻日据时期·台湾乌龙茶包装（周静平绘）

很多东方美人，茶汤喝起来香甜有余而润厚不足，就是因为缺了这道“炒后闷”。

成品东方美人，干茶色彩艳丽，又可分为红、白、褐、绿、黄五种颜色。“五色茶”也就成了东方美人的别称。而茶当中，又若隐若现有白毫芽头，因此又得一名——白毫乌龙。

由于重萎凋、重发酵的工艺，茶青中一半以上的儿茶素都被氧化，因此即使你泡茶时施以重手，冲出来的茶汤虽然“味浓而酽”，但也绝对不苦不涩，也不会带有任何的“生青臭”或是“臭青味”。

因此，冲泡东方美人时投茶量不必太少。

有时候东方美人泡得太淡，非但不能止欲，反而勾动馋思，汹汹不能止。

倒不如略微多投上一两克，茶汤才得“芬馨香美”之感觉。

开汤冲泡后，若是逆着阳光观察，看到的是香槟般金黄色的汤色。因此“香槟乌龙”的别名，灵感就是来源于东方美人的汤色。

在西方历史中，著名的圣女贞德为查理七世加冕，仪式后就会用到香槟。由此，香槟也成了皇家饮料的代表。路易十四，甚至明文规定香槟为御用之酒。因此，若站在西方视角上看，“香槟乌龙”也可以理解为皇家独享之茶。

啜茶入口，再用舌头轻轻一压，香甜中带有微果酸的汤水，在口腔中四散。再迟钝的味蕾，都会被东方美人多层次的滋味“勾引”得兴奋起来。香甜交融，令人欲罢不能。这也难怪，东方美人几乎是无人不爱。

我有时常常假设，若没有勤勉的客家茶农去试着做了那批已经被虫子叮咬过的茶青，那我们可能就永远无法喝到如此“华丽”的东方美人了吧？

其实美人茶与臭豆腐、松花蛋（皮蛋）等物无疑都发端于一次失误。怎奈国人勤勉，最终都能变废为宝，扭转剧情。

西方人，将“皮蛋”列入世界最恶心食物之列。对于各种版本的臭豆腐，也是退避三舍。可对于这款被虫子叮咬后的“废品茶”却奉如圭臬，还给了“东方美人”这样动听的名字。你说奇怪不奇怪？

言归正传！

东方美人，无疑是中国人“惜物精神”的集中体现。

习茶人，也当向“爱茶如命”的客家茶农学习才是。

第三辑·黑茶

红醇六堡·干茶

六堡茶

喝了很多年六堡，但是未到马来西亚之前，总是不敢动笔写这款茶。

六堡茶，是地地道道的侨销茶。虽出于广西壮族自治区梧州市苍梧县，但以前产地饮这种茶的人却寥寥无几。墙内开花墙外香，反倒是万里之遥的马来西亚对于六堡茶的需求量极大。高峰时期，每年需从中国进口六堡茶 1500 吨以上。

自清末民初至 21 世纪初，马来西亚都是六堡茶最主要的消费地。

研究六堡茶，不可不到马来西亚。

反过来讲，不了解马来西亚茶文化，也就很难喝懂六堡茶了。

为何马来西亚人对于六堡茶情有独钟呢？究其原因，我想主要有两点：一是化解乡愁，二是消病祛疾。

前者可理解为心理需求，后者可认定为生理需求。

六堡茶，既可疗身，亦可抚心。

小时候背唐诗，记得有“少小离家老大回，乡音未改鬓毛衰”两句。长大了才知道，诗词也会骗人。有时候走得远了，离家久了，连“乡音”都可以改变。但变不了的是深深扎根心中的家乡口味。当年参与策划饮食文化纪录片《味道》时，就曾专门拍摄《家乡味·远方道》专题，并意外获得了较高的收视率。

由此可见，人人心中都有家乡的味道。

家乡味道可以是一餐饭，也可以是一杯茶。

马来西亚当地的华人，大致从三地移民而来。一是潮州的客家人，二是福建的闽南人，三是南方的两广人。其中潮州人，最爱的是武夷茶或是单丛茶。闽南人，则钟情于铁观音。至于两广人，便最爱一杯浓浓的六堡茶了。

但不管家在何处，在大马生活久了生活上也互有影响。两广人，会喝各种焙火茶。客家人、闽南人也会饮六堡茶。反正都是中国茶，那便都是故乡的味道了。

这次我到吉隆坡拜访当地老茶行时，留心地观察了他们的货架。不管是有近百年历史的广汇丰，还是有七十年历史的建源茶行，乌龙茶与六堡茶都是他们的主营项目。

因此，认为马来西亚华侨只喝六堡茶，是言过其实。

但若讲马来西亚华侨人人都饮六堡茶，又并不为过。

除去缓解思乡之苦，六堡茶更是护身良药。马来西亚的繁荣，伴随着锡矿的开采。如今到马来西亚国家博物馆抑或是马六甲博物馆，都还可看到众多与锡相关的文物，默默向世人诉说，大马以锡为荣的时代。

当时的大陆移民至此，大都是从事锡矿开采工作。马来西亚属于热带气候，而矿山内的涵洞里则是湿冷凛冽。采矿者，每日需忍受着气温湿热的煎熬。有时候双脚泡在溪水中，上热下湿更是难受。恶劣的气候，高强度的工作，再加上水土不服，使得大量华人矿工命丧他乡。

如 1857 年，马来西亚酋长拉惹阿都拉招募 87 名华人到如今吉隆坡一带开采锡矿。一个月后，便仅有 18 人幸存了。当时去马来西亚采矿的死亡率，竟高达 80%。

六堡茶，此时便成了华侨在异国他乡的救命甘露。六堡茶清热润肺、消暑祛湿。咕咚咕咚一大碗六堡茶下肚，体内积攒的暑热和寒毒一扫而光，自有一番说不出的舒畅。

可能是受城市热岛效应的影响吧，现如今的夏季总是“桑拿天”。别看是城里人，倒是体会到了当年南洋矿工的辛苦。每到酷暑难耐时，我便猛灌六堡茶，屡试不爽。

不仅功效明显，六堡茶冲泡简单，也是它成为矿工最爱的原因之一。据老矿工回忆，当年上工前都要先烧一大锅水。水滚开后把六堡茶扔进去焖着，过一会儿就可以喝了。左手提粥右手提茶，是当年矿工的标配。

说到这里，大家也不要以为六堡茶就是专供矿工的粗制茶。由于天气的原因，马来西亚全民都爱饮六堡茶。建源茶庄第三代掌门人许建川先生曾向我说明，以前大马地区的茶楼里供应的都是六堡茶。不管是朋友聚会，还是洽谈生意，都少不得一壶六堡茶。有时候天气太热，老板干脆就泡上一大壶放在那里。客人来了倒出一杯，再加上几颗冰块，便是地道的大马冷茶了。

没看错，六堡茶也可以常温喝，甚至冰镇饮。

由于受众实在太广，以至于马来西亚卖六堡茶的不光是茶店，杂货店、副食店甚至药铺都有出售。马来西亚紫藤茶艺中心的陈婵菁老师曾在闲聊中告诉我，原来她家日常喝的六堡茶都带有药香。这不禁让我羡慕不已。

看到我艳羡的眼神，陈老师赶紧跟了一句："您别误会，我们不是土豪，喝不起带药香味的老六堡啊。"

"那药味从何而来？"我追问道。

"六堡茶是从中药店里买回来，老板不在意，估计是和药材放一起串味了吧。"

别怪马来西亚华侨不重视六堡茶，实在是这款茶已成为他们生活中的一部分。

说回六堡茶的口感。它产于梧州，风味自然要受当地树种及气候的影响。新中国成立后的很长一段时间里，内地与马来西亚不直接通商，而是通过香港进行中转贸易。因此，当年很多六堡茶都是在梧州粗制后，运到香港进行精致和压篓，进而出口到大马。

香港陈春兰茶庄就是专做六堡茶生意。据说当年鼎盛时，年销售量达到数千篓（一篓约二十至五十公斤）之多。如今陈春兰早已歇业，幸好茶庄后人将整体茶庄建筑连带其中家具、陈设、库底全部捐赠给了社会。如今陈春兰茶庄已按原貌复原，成为香港历史博物馆中的一大亮点。

六堡茶经香港运至马来西亚，一般也不会立即销售，而是要放在各茶行仓库中继续"后发酵"，从而使其最终具备独特的"槟榔香"。

我以前从教科书上，看到六堡茶应具有槟榔香时大感不解。我是北方人，本就没吃过槟榔。为了搞清楚六堡茶的槟榔香，一次在斯里兰卡访茶时，我还特意买了街边上的鲜槟榔。跟着当地人照猫画虎，用一种叶子卷上豆蔻和槟榔一起嚼。结果由于槟榔力道太猛，我险些晕厥在科伦坡街头。

回国以后，赶紧又去冲泡六堡茶对比。结果大失所望，六堡茶汤与

六堡出口包装

槟榔八竿子打不着嘛！

槟榔香，到底在哪里？

这次在马来西亚的紫藤茶艺中心做客，席间我又聊起了对于“槟榔香”的疑惑。没想到在座的黄淑仪老师，竟慷慨地拿出私藏了二十年的大马仓六堡茶与我分享。开汤冲泡，香不张扬。沾唇啜茶，汤厚粘嘴。除去甜润，细品之下竟然有一丝辛辣之感。那种感觉，不由得又让我联想起科伦坡街头的眩晕经历。

我想，那股甜中带辛的口感，应该便是传说中的槟榔香吧？

可说来奇怪，我自己收藏的2001年的六堡，算起来也接近二十年了。可是喝起来，这种槟榔香并不明显。难道是马来西亚干湿分明，四季如夏的天气，造就了六堡茶独特的口感？黄老师坦言，现在马来西亚的茶

陈香六堡·干茶

多数存于规范的仓库中。卫生条件更好了，但槟榔香却淡了。看起来，槟榔香的形成除去年份，还有仓储的影响。

六堡茶是黑茶，也就是后发酵茶类。每遇到黑茶的问题，不管是普洱茶还是六堡茶，都不可只围绕着原产地打转转。

为何?

因为黑茶的特色，在于后发酵。

这层后发酵进行时，往往已离开了原产地。

黑茶独特的风味形成，往往是生产地、转运地、消费地几处共同作用的结果。

槟榔香本就是传说中的内容，只可意会不可言传。喝不到，喝不准，喝不透，都大可不必纠结。

具备了红、浓、陈、醇四个字，就是一款好的六堡茶。

红，指的是六堡茶的汤色。别看是黑茶，可是茶汤必要红褐透亮才行。

浓，指的是六堡茶的味道，茶香浓郁。

陈，指的是六堡茶的年份。因为需要后发酵的处理，所以没有个三五年的陈化，便没法体现出六堡茶汤的独特神韵。

醇，说的是六堡茶的口感。汤稠味厚，茶气沉重。

要想把一款六堡泡出“红、浓、陈、醇”的感觉，茶、水、器三者都不可马虎。

首先，投茶量一定要大。按照马来西亚当地的泡法，200cc 的小壶竟要投进 15g 左右的六堡。我自觉喝茶算重口味，但也从未尝试过如此大的投茶量。本以为会苦，但实则却是超饱满的茶汤。浓中透醇，确有独特之处。

以我后来的摸索，容量 150cc 的茶壶，投茶量控制在 10g，六堡风味尽显。

再者是水，最好保证每一冲都用沸水激发茶性。水温一低，茶汤的饱满度自然也就难以保证。有一年在台湾参加“无我茶会”，其中一位老师泡的就是六堡茶。由于是户外茶会，泡茶的水只能用暖壶提前备好，所以实则水温只有八十度左右。由于水温不够，导致他那天的六堡茶泡得并不好喝。

至于茶器，陶也好瓷也罢，但最好选用茶壶。密闭的空间，会增大压强，从而更有利于六堡茶物质的析出。当然，若是觉得泡不够带劲，大可以去煮茶壶里再滚上几次，风味自有不同。

茶，可分为雅、俗两类。

琴棋书画诗酒花茶的茶，是雅。

柴米油盐酱醋茶的茶，是俗。

思来想去，六堡茶应是归为柴米油盐酱醋茶之茶才更为贴切吧？

六堡茶的发烧友们，切莫急着问责于我。将六堡茶归于此类，并非降其身价。实在是六堡茶出身草根，性格朴素。既没当过贡茶，也没成为名品，反倒是一直与大众生活息息相关。

在如今云南普洱茶价疯涨、安化茯砖市场火热的时代，六堡茶已成为我首选的口粮黑茶。

普洱茶

这几天在台湾访茶，吃的实在太饱！

正餐之外，还有小吃。小吃过后，再逛夜市。以至于我不是在吃东西，就是在吃东西的路上。

幸好，我带了一大包普洱茶。

饮茶札记的灵感，基本就来源于我自己的饮茶生活。那么，今天我们就来聊聊普洱茶吧。

老同学都知道，我很少讲普洱茶。普洱茶已经够火了，真的不缺人去站脚助威。

更何况，我一开口恐怕不是给普洱茶添柴加火，而是要泼上几瓢冷水了。

所以，普洱茶还是少说为妙。

虽然聊得少，但其实我却常喝普洱茶。

有好奇的同学曾经问过：杨老师喝的是什么普洱茶？

答：日常喝的都是熟普洱。

旁白的茶学小白继续追问：听您的意思，还有生普洱？

答：没错。如今坊间对于普洱茶有生熟之分。

其实在 20 世纪熟茶制作工艺出现之前，普洱并不分生与熟。

普洱茶砖

举个例子，教室里只有我一个人时，你没法说我是胖还是瘦。助教粒粒走进教室，我们俩经过比较，才有了胖瘦之别。没有助教粒粒的瘦小，就没法衬托出我的壮硕。

换句话讲，生与熟是相互对立，且相伴相生的概念。

有很多人都说，普洱茶是非常复杂难懂的茶类。我看倒也未必！只要分清楚生茶、生普与熟茶的关系，普洱茶的问题也就能迎刃而解了。

可是在农业部发布的《中华人民共和国农业行业标准・普洱茶》（NY / 779-2004）中，却并没有所谓“生茶”与“熟茶”的概念。这份《普洱茶》国家标准将普洱茶分为普洱散茶、普洱饼茶与普洱袋泡茶。

显然，在这份《普洱茶》国家标准中，是以“产品形态”作为普洱茶分类标准的。对市场上流行的“生熟普洱”，为何只字不提呢？

我们不妨再回到普洱茶国家标准中来寻找答案。国标中关于“普洱散茶”的定义为：

“以云南大叶种芽叶为原料，经杀青、揉捻、晒干等工序制成的各种嫩度的晒青毛茶，经熟成、整形、归堆、拼配、杀菌而成各种名称和级别的普洱芽茶及级别茶。”

我讲课时有同学曾提问：这里讲的普洱散茶，是生茶还是熟茶呢？

答：不一定。

同学更疑惑了：国家标准里所讲，到底是什么样的普洱茶呢？

答：是熟成的普洱茶。

何为熟成？

《普洱茶》国家标准中给出了明确解答。所谓“熟成”是指：

“云南大叶种晒青毛茶及其压制茶在良好贮藏条件下长期贮存（10年以上），或云南大叶种晒青毛茶经人工渥堆发酵，使茶多酚等生化成分经氧化聚合水解系列生化反应，最终形成普洱茶特定品质的加工工艺。”

上述这段文字，将成为我们理解普洱茶奥秘的钥匙。

如前文所讲，熟成是形成普洱茶特定品质的加工工艺。

换句话说，没有经过熟成，就不能称之为真正意义上的普洱茶。

回过头来，再来看一看市场的普洱茶。

现如今，每年春天都会新鲜出炉的所谓“普洱茶”。这种茶只是经过了杀青、揉捻、晒干，而没有后面的“熟成”。也就是说，只完成了《普洱茶》国家标准中“普洱散茶”的前半部分制作工艺而已。

当年制作的新茶，只能称之为晒青毛茶，亦或者叫“生茶”。

当年制作的新茶，不适宜称之为“生普”。

原因很简单，没有经过“熟成”工艺，就不能算是普洱茶。

有一次在云南讲课，现场有一位从事普洱茶销售的学员。他专程从地州赶到昆明，只为问我一个困惑了很久的问题：“教材上都说，普洱茶属于黑茶类。但经过杀青、揉捻、晒干的所谓“生茶”，和其他黑茶差别也太大了吧！”

“当然差别很大，因为所谓的“生茶”，根本还算不得是普洱茶，当然也就不是黑茶了。”我回答。

“那生茶算什么茶呢？”学员追问。

行文至此，想必这位学员也问出了很多同学的疑惑。

那些只经过杀青、揉捻、晒干而没有熟成的生茶，其实就是绿茶。

我可以讲得更明白些，是晒青绿茶。

晒青绿茶的定义以及制作流程，同学们可以轻易地查到。回过头来再与生茶的制作工艺比较，可以说一般无二。可实际上，还是有很多人不愿意承认生茶是绿茶的事实。

绿茶，是最为大众熟知的茶类。好像承认了生茶是绿茶，普洱茶就显得不特殊、不神秘、不高级了。

想想也对，皇帝吃饭，要说用膳。皇帝看书，要说御览。皇帝去世，要说驾崩。事情还是一样的，只是有地位的人总要换个说法罢了。

2016 年，我到云南冰岛村，顶级晒青毛茶的卖价就接近十万块人民币。从这个角度讲，中国茶界价格最高的绿茶绝不是龙井、猴魁、碧螺春，而是云南的晒青毛茶才对。

当然，人家不承认自己是绿茶。

其实，所谓生茶与熟茶的概念，也非普洱茶的首创，而是从乌龙茶借鉴而来。这次我在台北王有记老茶行，还与店家聊起了这桩公案。当年乌龙茶，是由台湾各地的茶农完成初制后，送到台北的茶行中再完成挑拣、焙火、拼配等精制过程。也只有经过精制的茶，才可以上架销售。

当时，初制的茶就称为“生茶”，精制过的才称“熟茶”。台湾一些老茶行，至今还保留有生茶车间与熟茶车间，也算是对这段历史的记录与见证。

在乌龙茶的领域，“生茶”可以理解为“熟茶”的半成品。

在普洱茶的领域，“生茶”也可以理解“熟成茶”的半成品。

经过熟成的普洱茶，才可以销售。

经过熟成的普洱茶，才适合品饮。

熟成，为何如此重要？

熟成的目的为：

“使茶多酚等生化成分经氧化聚合水解系列生化反应，最终形成普洱茶特定品质的加工工艺。”

茶多酚，为茶中涩味之源。只有经过熟成之后，茶多酚等生化成分才可以进行一系列复杂的氧化聚合水解。从而，无色而有涩的茶多酚转化为茶黄素与茶红素。汤色开始红润，口感转为柔和。

在普洱茶国家标准“感官要求”一项中，对于汤色有着明确的描述。普洱茶汤，应为橙红、红浓、深红或红亮。也就是说，普洱茶最浅的汤色也应达到橙红色。

普洱散茶

普洱陈茶

如今那些汤色黄白浅淡的所谓普洱茶，皆是没有经过熟成的半成品生茶。

至于熟成的方式，普洱茶国家标准中有着清晰的定义。其一，即在良好贮藏条件下长期贮存（10 年以上）。其二，云南大叶种晒青毛茶经人工渥堆发酵。

前者，便是自然缓慢陈化的生普。

后者，便是人工协助陈化的熟普。

其实普洱茶国家标准中，并没有否认生茶。只是杀青、揉捻、晒干的生茶，需要经过十年以上的熟成陈化，才可以展现出普洱茶独特的风味特征。为了与人工渥堆发酵的熟茶相区别，我们便可将经过自然熟成陈化的晒青毛茶称为生普了。

当然，十年以上漫长陈化的过程，使得自然陈化熟成的普洱茶既稀少又昂贵。于是乎，便有了人工渥堆发酵的工艺。利用人工协助加速陈化，使得更多人能够享受到普洱茶独特的风味。

近些年市场上，总有一种奇怪的论调。有些茶商提出，熟茶制作并不卫生，且都是用边角料去制作。由于这样错误的论调，使得很多人对于普洱熟茶产生了误解甚至偏见。

真实情况，恰恰相反。由于涉及渥堆发酵，普洱熟茶的工艺对于卫生更为复杂严苛。举个例子，我们日常喝的酸奶，大都是从超市购买。为何不自己制作呢？原因很简单，一般家庭不具备乳酸菌发酵的条件。至于葡萄酒、臭豆腐、臭鳜鱼，都是类似的问题。想做出发酵食品的独特，丝毫疏忽不得。

随着云南普洱茶的火热，到茶区自己炒制生茶的人越来越多。毕竟只是晒青绿茶，制作工艺相对简单。但是大家回想一下，身边有多少人是自己投身熟茶事业了呢？凤毛麟角！对不对？

熟茶制作技艺，比生茶门槛高多了。若不是真正茶学科班出身，有着相关生物化学知识的人，几乎很难做到。

熟茶，绝非是烂茶的代名词。

人工渥堆发酵，为 20 世纪重要的制茶发明之一。

把话题聊回到在日常的品饮中吧。我建议对于生茶、生普、熟茶采取不同的品饮态度。

生茶，尽量不饮。

生普，自存少饮。

熟普，日常品饮。

也有一些同学和我诉苦，之前入手了不少生茶，一时半会也不能熟成呀！这部分库存，如何消化才好？那我建议，你可以试试生熟拼配。

我的独家秘方，是七成熟茶佐以三成生茶或生普。两者不分先后，一起入泡茶器。熟普，经人工渥堆发酵，口感柔软顺滑，并伴有非常明显的甜糯。而生茶的加入，丰富了原本熟茶甜味的层次，提升为一种有灵气的甜蜜感。

生茶的活性，与熟茶的圆润，相互纠缠在一起。相互补充，又相互衬托。两者融为一体，有着非常恩爱的表情。

我也曾担心，两者拼下去会不会互相拖了后腿？但意想不到，生熟结合，竟然衍生出如此和谐温暖的情意。

生茶，清淡了熟茶的甜度，更勾引出深藏叶底间的茶香。

熟茶，温和了生茶的性格，更衬托出蕴含茶汤中的灵动。

如今市面上，普洱价格屡创新高。

坦白讲，我喝不起，更看不懂了。

一味讲究山头、古树、年份，算不得普洱茶专家。

想喝懂普洱茶，不妨就先从理解“熟成”二字入手吧。

熟普洱

西方语境里，有一种颜色叫酒红色。

与之对应，汉语里也有一种以饮品命名的颜色——茶色。

看起来，西方人天生爱酒，中国人骨子里爱茶。

但是茶色用起来，却总会引起歧义。

人与人心中的茶色，大不相同。

我是北京人，喝茉莉花茶长大。因此，我心中的茶色大致是半棕半橙。

若是江南女子，心中的茶色大抵是嫩黄色的吧？毕竟，苏杭常饮的是绿茶。

至于珠三角的人，心中的茶色则是红褐色。

因为在那里，几乎人人都喝普洱茶。

且慢。这普洱不是还有生熟之分吗？茶汤的颜色，不也该有深浅之别吗？

最开始，我也是这样想。记得我第一次到香港的陆羽茶室，看到茶水单上只有“普洱”二字，而未标明生熟。我还自作聪明地暗笑，老茶楼怎么也这样不专业？连生普、熟普都不写明，叫客人怎么点茶呢？

于是乎，我找来服务员细问。得到的答案是：我们自开业以来，几十年只有一种红汤普洱。茶端上来一试，所谓“红汤普洱”就是熟普洱。

普洱迷你沱茶

我到澳门时，也曾专门去拜访创建于 1962 年的龙华老茶楼。如今的掌门人何明德，也已年过半百。从小在茶楼里帮忙的他，对澳门茶事可谓烂熟于心。

我专门向他请教普洱茶往事。按何老师的回忆，他从小喝的普洱茶都是红汤茶。真正买生饼来存，是 2000 年以后的事情了。

“88 青”创始人陈国义先生的文章，又一次印证了此事。按他的讲法：

“在 1992 年之前，我一直以为普洱的茶汤颜色就是红色，好像当初那款红印圆茶，茶汤通透已经犹如红宝石的色泽，令人爱不释手。”

综上，珠三角地区常饮的是红汤普洱。

有人可能会问，听说熟普洱的工艺出现十分晚近。

红汤普洱，又从何而来呢？

莫不是珠三角地区，一直喝的都是自然陈化数十年的天价老茶？

绝非如此。

老茶价高，又怎会是茶楼的主打。

说起红汤普洱，不免要勾起一桩尘封多年的茶界旧事了。

普洱茶，属于后发酵茶。在生产地所制做出的茶，只相当于半成品。后续的转化与陈化，大半都是在转运地与消费地完成。

因此普洱茶的问题，要将生产地云南、转运地广州与消费地粤港澳联系在一起研究。

如今大家将目光仅仅聚焦在云南，难免有失偏颇。

新中国成立前，粤港澳本是一体。广东、香港和澳门的饮茶习俗，也基本相同。以香港为例，普洱茶占据茶叶消费量的60%–70%。

普洱茶，为港销第一大茶。

粤港澳，便是当年普洱茶最主要的消费地。

说起红汤普洱的由来，也要从粤港澳地区讲起。

早期运输普洱的交通工具，就是原始的骡马驮运。商队从云南到广州，长途跋涉，行程数月。这其中，自然也就少不了日晒雨淋。云南青毛茶运抵广州时，茶叶品质其实已经变化。

茶商意外的发现，受潮后的茶叶减少了苦涩味，其滑润甘甜的口感，受到了香港、澳门以及旅居东南亚的粤籍人士的喜爱。

请允许我做个不恰当的比喻：普洱茶受潮口感变化，就如同是臭豆腐、臭鳜鱼或是豆豉酱最早的发现一样。起初只是意外的食品变质，没想到后来却促成了美味的加工方式。

当然，任由其变质长毛，可做不出美味的臭豆腐。

只是日晒雨淋，也绝不会有后来的熟普洱。

上世纪七十年代·普洱茶出口说明（作者自藏）

红汤普洱的问世，首功还是要归功给勤劳智慧的粤港澳茶商。他们从受潮变质的普洱茶中得到了灵感和启发。从而，潜心研究其变化规律。

最终，以加温加湿的方法，加速云南青毛茶苦涩感向醇和滋味转化的进程。

20 世纪 50 年代，全国茶叶仅广东、福建、上海有出口经营权。普洱茶归由广东口岸集中出口。请注意，此时主要以出口云南青毛茶为主，销往市场主要是港澳地区。

港商购进青毛茶主要是用润水渥堆，在本港销售为主，部分通过香港转口至东南亚等国家。毕竟，当时的香港、澳门以及东南亚地区的茶客，都习惯喝柔和的红汤普洱。若谁敢像今天一样，把青毛茶直接拿出来卖，那估计生意也就要关门了。

至此，我们可以得出以下几个结论：

第一，20 世纪四五十年代，粤港澳地区饮用的已经是红汤普洱。

第二，当时制作红汤普洱的润水渥堆工艺，应算是如今熟普洱茶工艺的雏形。

第三，我国出口的云南青毛茶，只作为加工红汤普洱的原料，而非直接饮用的商品茶。

由于港澳对普洱茶有较大的市场需求，小批量手工作坊式的渥堆方法已无法满足港澳市场的供应，而广东则出现了大量的青毛茶处于积压状况。这样的状况，促使广东省茶叶进出口公司，从 1955 年开始组织研制普洱茶人工加速后发酵的生产工艺。

为此，广东省茶叶进出口公司专门成立了“三人攻关技术小组”，由袁励成任组长，与曾广誉、张成老师共同组成。他们广泛地将粤港澳民间茶商以润水加速后发酵的加工技术和茶样品质进行收集、整理、分析。进而在芳村大冲口加工场进行加湿加温发酵试验。经过两年的反复实验研究，于 1957 年获得成功。

如今，我们谈到熟普洱的工艺，大都讲是20世纪70年代末尝试成功。

殊不知，熟普洱的制作工艺更为悠久。前有粤港澳茶商的尝试，后又有广东省茶叶进出口公司“三人攻关技术小组”的努力。今天能饮上一杯熟普，都要托了诸位茶学前辈的福了。

只是，谁还记得这段尘封的历史？

又有谁还记得袁励成、曾广誉、张成等老一辈茶人的名字呢？

当下，人们一味地炒热云南茶区，却很少有人提及粤港澳地区对于普洱茶发展的作用。

北京人知道普洱茶，大抵都是从2005年《北京晚报》报道“马帮进京”的活动开始。掐指算来，也不超过十五年罢了。其余省份，也多是20世纪90年代之后才陆续接触普洱茶。

普洱茶的百年历史，要有一多半靠粤港澳地区独撑。

想喝懂普洱茶，怎么也绕不开粤港澳。

通过梳理粤港澳饮用普洱茶的历史不难发现：渥堆发酵，是普洱茶传统的做法。

相较而言，如今直接饮用云南生毛茶（未经陈化）的做法，倒算是“发明创新”了。

饮黄汤普洱，不过是近二三十年的事情。

饮红汤普洱，在粤港澳却已有近百年的传统。

但现如今，对于熟普洱却存在着许多误解甚至谣言。

例如，有人说做熟普洱的原料都很差。好茶，谁拿来渥堆发酵呢？

金华火腿，最早的制作初衷是防止变质。亦或者可以说，是没有鲜猪腿吃时的权宜之计。可久而久之，金华火腿形成了自己独特的风味。食客们，也就是奔着这股子特殊的味道而来。此时此刻，你真拿出十条鲜猪腿，人家也不见得跟你换呢。

将金华火腿与熟普洱相提并论，请先恕过我的大不敬之罪。但是两者的情况，却十分相似。

普洱茶陈化后饮用的传统，是特殊历史时期的产物。最早是由于长途运输，日晒雨淋引起了“变质”，可久而久之，便形成了独特的风味和口感。

人们选择将云南青毛茶渥堆发酵，是从口感出发，从体感考虑，与原料优劣与否没有必然的联系。

传统的熟普洱工艺，确实不讲究山头、纯料甚至古树。但这不能证明，熟普洱用的原料就不合格。我想反问一句，又是谁定义说，只有讲究了山头、纯料、古树，才算是合格的普洱茶呢？

当下有些普洱生茶，倒是讲究了山头、纯料、古树。但是浓烈的口感，绝说不上老少咸宜。喝下去容易伤胃的茶汤，也不能说是妇孺皆宜。而那昂贵的价格，则更是让普通百姓望而却步。

熟普洱，口感柔顺，体感温和，价格亲民。兼顾了口感、体感与情感的三重享受，又为何不能称为一杯好茶呢？

也有人说：熟普洱霉味太重，感觉像是变质了。

我们首先应该搞清楚，霉味与陈香的区别。

粤港澳地区，一直有饮红汤普洱的习惯。普洱茶要想成为红汤，或是靠自然陈放数年，或是靠人工渥堆发酵。但不管哪一种，红汤普洱一定有一种独具魅力的陈香。

普洱茶的陈香，类似于南方腊肉的熏味或北京豆汁的酸味。初次尝试的人，可能会眉头紧锁。但是嗜好此味的老饕，却是享受得酣畅淋漓。

陈香，是普洱茶的特点，而非缺点。

当然，若真是发霉变质的熟普洱，那又是另一回事了。若是入口的茶汤有高火味、燥喉感、锁喉感，或喉舌的部分能感到明显的叮、刺、挂的不愉悦感觉，那这杯熟普可能就真的有问题了。

一杯好的熟普洱，一啜应是满口的软糯滑顺。连饮三杯，甜浓感伴着陈香味，给人带来一种质朴的幸福感，挥之不去。

有人感觉熟普茶汤单调，其实也不尽然。

优质的熟普茶汤入口，应能有效激起味蕾及舌面周边的兴奋感。毕竟是云南大叶种的底子，熟普之甜软绝非平铺直叙。细细品味，似有光影明暗渐变，如同熟普洱红润的汤色一样，流泛出深浅不一的层次。

望大家杯中的普洱茶，也都泛着红宝石一般迷人的光亮。

天价普洱

· 茶价能多高？

在 2017 年广州茶博会上，普洱茶又一次成为了焦点。

一整件（84 片）品名为“班章珍藏青饼”的 2000 年普洱茶，标出了 1800 万元的高价。

另一整件（84 片）2004 年的“班章珍藏青饼”，标价则在 460 万。

当然也要说明的是，这个价格为“标价”而非“成交价”。

但高昂的“标价”也足以让普洱茶又一次冲在了舆论的风口浪尖。

普洱茶市场纷繁，我避之唯恐不及。

但这款茶有名气，却是早有耳闻了。

关于大众敏感的价格，我也做了一些了解。

就以 2017 年为时间坐标：

整件 2000 年“班章珍藏青饼”，市场价普遍在 700 万左右。

整件 2004 年“班章珍藏青饼”，市场价普遍在 250 万上下。

也就是说，近年来这批普洱茶一直价格不菲。

广东普洱茶饼包装手绘原稿（作者自藏）

只是这次广州茶博会上，变得更贵了一些罢了。

那么这批普洱茶，卖点在哪里呢？

此次展出的高价“班章珍藏青饼”，属于大益品牌的白菜系列。

这批普洱为 2000 年至 2004 年期间，由大益（当时是勐海茶厂）的经销商福今何氏兄弟定制。据说由于采用了“班章古树纯料”，而显得尤为珍贵。

除去用料“不凡”，很多人认为这批普洱也是班章古树茶转化优秀的活标本。

从 21 世纪初至今，超过 15 年的转化可以说明很多问题。

所以总结起来，这批普洱茶昂贵的理由有两个：

第一是用料独特。

第二是意义独特。

原来有句歌词是：男人，哭吧哭吧，不是罪。

我来套用一下：普洱，贵吧贵吧，也不是罪。

为何？

咱们慢慢聊。

· 贵还是不贵？

其实，贵与不贵，是相对而言的事情。

若真是以艺术品市场的价格去衡量，那“人民币千万级”还真就算不得什么。

2017 年 10 月，一件北宋汝窑天青釉洗在香港苏富比拍卖会上，以 2.94 亿港币成交。单从价格来讲，这一次拍卖又一次刷新了中国瓷器的拍卖记录。

从这个角度来讲，这次亮相广州茶博会的一整件“班章珍藏青饼”，价格还不及一个零头。

所以我讲，昂贵与便宜都是相对而言。

有人可能会讲，普洱茶怎么能和北宋汝窑相提并论呢？

的确，我这是一篇批评普洱茶乱象的文章。

但在这里，我倒是要先为普洱茶说句话。

汝窑也好，普洱茶也罢，在喜爱的人心中，它们都是无价之宝。

这就好比，拿一只血统纯正的名犬与一尾普通小金鱼相比。

两者之间，放在市场上，价值的确有差异。

但我相信，对于主人来讲，它们都是宠物，都无比珍贵。

爱，无法用金钱衡量。

现在，国家对于茶叶价格，已经完全放开。

也就是说，茶叶价格，完全交给市场。

从这个角度来讲，一款茶卖得再贵，只要有赏识的人愿意付款，其实都无可厚非。

当然，普洱茶这种过高的价格，势必将会带来行业的心浮气躁。

当然，普洱这种野蛮的增长，势必也会带来质量的鱼龙混杂。

但是这种"天价"，还不是普洱行业发展最可怕的问题。真正的隐患，在对于普洱茶的定位。

· 普洱是古董？

这些年，聪明的茶商们将普洱茶定义为"可以喝的古董"。

这样既给普洱茶的高价找到了说辞，也从另一个角度引导消费者屯茶。

一句广告，一举两得。

以我的浅薄经验来看，既然是古董，自然是用来收藏。

于是乎，我们便有了"普洱茶收藏"的概念。

一时间，也出现了不少"普洱茶收藏家"的头衔。

在我看来，普洱茶现在确实越来越像古董了。

不光是普洱茶的价格，还有是普洱茶的审美。

众所周知，古董讲究完整性。

这个完整性，又可分为宏观与微观两部分。

微观的完整，是指品相的部分。拿瓷器举例，有没有缺肉、冲线、伤釉都直接影响了最终的价格。

宏观的完整，则是指成对、成套、成组者最佳。拿常见的晚清民国嫁妆瓷举例，假设一只大瓶的价格是 1 万元，那若是一对大瓶的价格就要到 3 万元左右。

若原本是一对或是一套的瓷器不全了，老古玩行里叫“失群”了，就卖不上价钱了。

在古董圈里，一加一要大于二。

这个瓷器上的道理，在邮票收藏中同样适用。

例如，在著名的 80 版猴票中，这个逻辑就非常明显。

1980 年，我国发行了第一枚由黄永玉执笔设计的猴票，当时票面价值 8 分钱。现如今，一枚 80 版猴票的价格大约在 1.2 万元（可能更高）。

2017 年，南京举办的第三届中国国际集藏文化博览会上，1 张 1980 年的庚申猴票大版票，最终被一位买家以 175 万元的价格拍得。

若加上 15% 的交易佣金，这位买家最终实际支付金额高达 201.25 万元。

香港茶行中的普洱茶饼

这里要注意，所谓“大版票”就是八十枚一整张的意思。

我们不妨来算笔账：

按 201.25 万元的价格除以 80 的话，“大版票”上的每枚猴票价值在 2.5 万元左右。

也就是说，一大版的价格比 80 张散票的价格要高出一倍多。

反观这次标出高价的普洱“大白菜”，也是强调为 84 片一整件。

以 1800 万的价格计算，一片普洱的价格在 21.4 万元上下。

与邮票规律一样，在市场上单买一片 2000 年“班章珍藏青饼”的价格虽也很高，却绝不能与整件相比。

所以这款茶，贵也就贵在整件上了。

· 古董还能喝？

既然瓷器可以讲整套，邮票可以讲整版，那普洱茶是不是也能讲究“以整为贵”呢？

答：绝对不行！

原因何在？

答：普洱的根本属性是饮品，而非观赏品。

试想一下，如果普洱茶强调“整件”“整提”的重要性，那么势必导致收藏普洱茶的人不敢轻易拆开整件、整提的普洱包装了。

因为一旦拆了，自然就要贬值了。

那要是连包装都不拆，还谈得上品饮吗？

如果不品饮，普洱茶又如何为我们带来愉悦呢？

再贵重的茶，也不是看的，而是喝的。

很多人迷恋古董收藏，是因为他既可以陶冶情操又可以浓缩财富。

平时在家赏玩，一旦有需要还可以拿去拍卖变现。

所以古董收藏者，有时候并不在乎是否永久占用。

很多大收藏家，晚年都会写《经眼录》，来回忆这一生接触过的艺术品。

有时候甚至没有产权上的拥有，即使欣赏过了也同样有满满的幸福感。

这是非常豁达的心态。

茶商说，普洱茶是“可以喝的古董”。

言外之意，普洱茶如古董一样，既可享用，又可升值。

很遗憾，这是一个伪命题。

普洱茶，根本不具备古董的真正属性。

要想保值，就最好“整提”“整件”地存好。

要想享用，就势必要撕开包装、撬开茶饼去冲泡。

换句话讲，普洱茶的保值与享用，存在着巨大的矛盾。

· 不喝还是茶？

当年的铁观音、金骏眉再贵，买回来总还是让人喝的嘛。

所以我认为，贵不是问题。

只要是喜欢的茶，健康的茶，喝下去就是享受。

愿意为这件事付出多少金钱，那要看个人承受能力。

天价茶总是小众，对于大众饮茶影响不大。

但普洱茶的问题，性质不一样了。

茶界收藏之风盛行，其实伤及了茶之根本。

我们来做一个假设吧。

如今若真有人花了 1800 万买了这件普洱茶，回家拆开就喝的几率恐怕微乎其微。

要命的是,这个“只藏不喝”的现象,如今普遍存在于普洱茶行业当中。

一定要保持“整件”“整提”或者“整饼”，如此才容易变现。

那么在所谓的普洱茶“收藏”中，其实几乎没有人喝茶。

只有最后一个拆开普洱茶包装的人，真正享受到了普洱茶。但当普洱包装一旦拆开，他就又同时丧失了收藏价值。

现在商家在强调，普洱茶是可以喝的古董。言外之意，是鼓励全民收藏普洱茶。

可既然是收藏品，就要讲究“完整性”了。大到一整件，小到一整饼，要是破坏了完整性价格都会大跌。

甭管是号级普洱茶还是印级普洱茶，您要是喝剩下小半饼再想卖出去，估计价格就要大大受损了。

大家忙着关注“完整”，就都忽略了“茶汤”。

这款茶，茶汤是不是好喝?

这款茶，体感是不是舒适?

这款茶，工艺是不是合格?

这些该关心的事，都没人关心了。

大家的注意力，都集中在普洱茶的完整程度乃至包装纸的真伪辨别上去了。

茶行业，以前就只有评茶员。

茶行业，如今还要有鉴宝员。

咄咄怪事!

强调普洱茶“整提”“整件”的重要性，就是在悄悄将普洱茶引向收藏领域。

一旦普洱茶真的成为“古董”，那估计它就彻底不能喝了。

不能喝的普洱茶，还是茶吗?

安化黑茶

· 特点变缺点

最近安化电视台的王厅老师发来讯息，告知第四届安化黑茶节就要开幕了。

两年一届的安化黑茶节，可谓办得风生水起。据说到时候，整个安化的酒店都会爆满，全县比过年都热闹。

上一届时，有参会人员实在没地方住，最后竟然在车里过夜！

安化黑茶，确实火热。

其实，全国人民知道安化黑茶，不过是近三五年的事情。

但安化黑茶历史悠久，倒也不能说是茶界新秀。

姑且，就算是大器晚成的典范吧！

有学生问：安化黑茶，为何长期默默无闻？

答：安化黑茶，本是地道的边销茶。既是边销茶，安化黑茶自要有个边销茶的样子。

边销茶该是个什么样子？

答：紧压。

西北五省，对于安化黑茶需求极大。每次茶叶运过去，总是一抢而空。

中茶安化茶厂·老审评室

茶商，追求的是利益最大化。压的越紧，能带的就越多，一趟跑下来赚的也就越多了。为了“多快好省”地在万里茶路上运输，边销茶自然是压得越紧越好。

先是砖茶、篓茶，这些倒也寻常。在其他黑茶产区，也有类似形态的产品。

到了清朝中后期，又发明了花卷茶。

所谓“花卷”，也就是今天的千两茶、五百两茶、百两茶的统称。

一根茶柱，高度在一米五上下，直径碗口粗细，重量则是一千两。

虽然用的是传统的“两”，但一根茶柱的重量也在36.25公斤上下。

这样单位重量的紧压茶，在中国首屈一指。

特殊的历史背景，造就了安化黑茶的两大特点。一是重，二是紧。

特点，本是中性词汇，无褒贬之义。

但现如今，安化黑茶自“边销”转为“内销”。

特点，成了缺点。

· 又重又紧实

先说重。

一块茯砖，大的 3 斤，一般的 2 斤，最小的也得半斤。

一根千两茶，更是将近 40 公斤。

这么多茶，一般内地家庭，真不知要到何年何月才能消化掉!

所以很多人不选择安化黑茶，真不是怕贵，而是嫌重!

幸好，湖南人向来敢为天下先，自然也不会被陈规旧制限制住。

如今有商家把千两茶柱锯开，变成若干个扁扁的圆柱。那样子，像极了我小时候在北京胡同里用的菜墩子。

我教室里放的安化千两茶，仅是“一片”，而不是“一根”。

除去千两茶、百两茶，茯砖也出了小包装。

但请注意，所谓“小块茯砖”，并不是像巧克力砖白茶一样，一开始就压成小块。

因为茯砖讲究“发花”，即在茶饼中生长出“冠突散囊菌”。若是也压成巧克力砖白茶的大小，这种有益菌就不容易生长了。

和我教室里的“那片”安化千两茶一样，小茯砖也是后期锯开后再分装。四四方方，很像是放大版的方糖块儿。

“重”的问题，商家帮忙解决了。

“紧”的问题，就得靠自己了。

我承认，安化黑茶确实压得够紧。

每次讲到紧压茶的课程时，我都会请出教室里那片“安化千两茶”。接着我便展开招募，请学生们徒手掰茶。不要说一掰两半，就算能扣下来十克八克，就算是成功。

起初，总是会有几位男同学跃跃欲试。大家心中暗想：一块茶，能有多紧？结果，脸憋得通红，手掰得生疼，这片“安化千两茶”毫发无损。

同学们这才知道，“紧压茶”的名字太讲理了，压的可真紧呀！

随即，大家就提出问题，这样的茶怎么泡得开？

的确，不少聊茶的同学也向我反应，即使是分割后的千两块儿、茯砖块儿，还是泡不开！

100 ℃沸水，闷泡半天，结果茶汤颜色浅淡，口感削薄无味，真是大煞风景。

别着急。

有办法。

其实，茶叶如同食材，茶壶如同炊具，泡茶就是一种烹调。泡茶中遇到了问题，不妨去烹调技巧里寻找答案。

多年来，这算是我的习惯了。

中茶安化茶厂 · 老审评室

安化茶山

· 海参与咸饭

不易泡开的茶砖，就像是不好煮熟的食材。

比如，海参。

我小时候对于海参的印象，全部集中在老字号丰泽园。那是北京城出了名的鲁菜馆子，葱烧海参是镇店名菜。

偶尔跟着大人去开荤，海参味道还是其次，那口感脆嫩弹牙，用力一嚼，一块块海参肉就能在嘴里爆开。嘎吱嘎吱，真是让人忘不掉。

吃海参就得去饭馆，家里很少做。一方面是不好买，另一方面是不会做。

那时还不流行即食海参，一律都是干货。记得有一年，也不知谁送来了一盒海参。硬邦邦的海参，直接扔到锅里。大火猛煮一通，结果出来的口感跟皮筋儿一样，根本嚼不动。

不弹牙，光硌牙。

事后才知道，敢情干海参得先“泡发”。

北京工贸技师学院的杨旭老师，是我的好朋友。我泡海参的手艺，就是跟他学的，不妨也跟大家分享。

毕竟，我的茶课经常插播美食，同学们也习惯了。

干海参，先要用水浸泡，直到没有硬心。随后冷水上锅，水开后转小火再咕嘟半个小时。关火后自然冷却，放到冰箱冷藏一宿。

第二天，照方抓药，再煮一次。放凉后开膛，去掉沙嘴，洗干净再煮。

煮好后，需要马上放入碎冰中，再放入冰箱 24 小时即可。

干货，是失水而成。

因此，烹调它的重点，不是加热，而是吃水。

只有吸足了水分，干货才可以恢复到原来鲜活水灵的样子。

只有吸足了水分，吃起来的口感才可以真的做到劲脆嫩爽。

锅里温度过高，海参表皮都烫死了，水分也根本没吃进去，自然做不成功。

做好海参，关键就在于“泡”。

其实，闽南咸饭的烹调秘诀，也是“泡”。

但“泡”的对象不是海参，而是大米。

咸饭，是相当方便且有营养的闽南美食。一碗盛出来，又有菜又有饭，丰富多彩。

一到闽南出差，我便极乐于做一个“吃咸饭”的人。久而久之，便也学会了做咸饭的法门。

很多同学都想学，今天也就一起教了吧。

做咸饭，最好是用猪油下锅。待油熬化了，再放海蛎或虾皮爆香，取其海产的鲜味。接着再放豇豆段和芋头块，放盐提味后翻炒。随后放热水，撒大米下锅，焖煮十五至二十分钟。开盖翻炒几下，让食材均匀，撒葱花后就可以起锅了。

当然，如果你按照上述方法去做，咸饭一定会夹生。

因为，关键点我还没说！

大米，需要事先泡一个小时。

只有浸泡，大米才可以吃足水分，从而不会有硬心儿。

若是不泡直接煮，就是豇豆、芋头烂成泥，大米也熟不了。

说了半天烹饪，目的还是为了能让同学们泡好紧压茶。

紧压的安化茶，既然这么不容易泡开，不妨就当作海参和大米对待。

泡好一壶安化黑茶，就如同发海参、煮大米一个道理。

要点不光是温度，更要有湿度。

100 ℃沸水，注入壶中，浸泡一分钟后出汤。这时你会发现，虽然泡了这么久，汤色仍然浅淡。由此可见，水虽沸，也只是打湿了紧压茶的表面，还未触及紧压茶的“灵魂深处”。

中茶安化茶厂·百年木仓

这时候，若再是注水冲泡，也是枉然。最后，茶块的表面烫熟了，里面仍然是个硬心儿。

正确的操作是，第一次出汤后扣上壶盖，静候片刻。紧压茶表面的水分，会慢慢向干燥的中心渗透。

干茶，如同干货。制作过程中，已经失水。

泡茶，如同泡发干货。要点，在于让其吸水。

吸足水分，需要时间。

这便是我们为何要稍候片刻的原因。

等多久呢?

三分钟左右足矣。

毕竟，千两茶块儿，比海参好对付多了。

随后，正常 100 ℃沸水冲泡，随心所欲，茶汤必然饱满紧致。

有人说我：讲茶课，总是离不开吃。

也不知是表扬我呢?还是批评我。

不得不承认，我讲茶课，确实爱围着厨房和饭馆转悠。

毕竟，饮食之道，大有相通之处。

茶很神奇，但不可神秘。

茶很高雅，但不必脱俗。

千两茶

第十七届八大处中国园林茶文化节的主题是安化黑茶。依照每届的惯例，组委会仍请我与两位安化茶界的老师一起在北京人民广播电台中谈谈安化茶文化。应该说，那也算是安化黑茶首次正式亮相北京广播节目。

我人还未到过安化，也算是为宣传当地茶文化尽一点绵薄之力了。

今年入夏之后，安化电视台的王厅老师发来消息，热情地邀我前往安化访茶。当时已临近伏天，一般的茶区早已偃旗息鼓。再加上湖南省气象台也多次发出高温橙色预警，酷热程度更是可想而知。

但盛夏去安化，却正是时候。

大名鼎鼎的安化千两茶，正在如火如荼的制作当中。

赶在这个季节制千两茶，原因何在？

别急，容我慢慢道来。

说起千两茶，很多人可能会觉得陌生。但若看到它那梁柱般的奇特造型，恐怕多数人都会觉得眼熟了。近些年，各大茶博会上，安化千两茶只要一亮相，肯定是赚足了人气。不少人为它的样貌而啧啧称奇，纷纷合影留念。

安化千两茶，算是最适宜合影留念的茶了。

在这个流行自拍的时代，我看安化千两茶大有成为“网红”的潜质。

但也不要忽略，这位“潜力网红”却是地地道道的传统名茶，

清代道光元年（1821 年）以前，陕西商人常到安化采买茶叶。他们将收上来的黑毛茶经过筛分、去杂、蒸揉、干燥等精加工手法，最终踩捆成包，称为“澧河茶”。

后来茶包渐渐有了造型，有意识地做成小圆柱形的“百两茶”，此茶便是“千两茶”的前身。

清代同治年间，晋商三和公茶行在“百两茶”基础上，增加原料用量，最终做成了“千两茶”。

换句话讲，先有“百两茶”，后有“千两茶”。

安化的紧压茶，有越制越重的趋势。

千两茶·切片

千两茶·花格篾篓

为何？

自清中期以来，安化茶市场红火，需求量不断提高。为了将更多的安化好茶又快又稳地运上茶路，才有了自“百两茶”而“千两茶”的技术革新。

一队人马，驮着数百根千两之重的茶柱，奔波于万里茶路。

这样的茶文化，是何等的气势恢宏！

今日之千两茶，正是安化茶业鼎盛时期的见证者。

记得初次见千两茶，应是在十余年前的北京茶业博览会上。当时看着这么个庞然大物，不禁心生疑窦：千两茶，到底是怎么制成的呢？

这次安化之行，终于揭开了萦绕在心中多年的疑团。

别看此茶外形粗犷，但却需要精选二、三级安化黑毛茶为主要原料。毛茶所用等级着实不低。安化千两茶，可谓是粗中有细的典范。

千两茶·晾晒

按照传统工艺制作一根千两茶，至少需要五至六个茶工协同合作。先将精选的黑毛茶经蒸汽软化后，倒入事先垫好箬叶、棕片的特制长圆形“花格篾篓”当中。

由于盛装毛茶的“花格篾篓”有将近 1.6 米的高度，因此，要想把茶叶压实，茶工必须要站在高台阶上。一人扶篓，一人灌茶，配合完成。

当然，这样装篓的黑毛茶仍十分松散。“花格篾篓”也被撑得“肚大腰圆”，像个臃肿的“胖子”。装篓完毕，茶工要迅速扛起篓子，飞奔向压制车间。一旦耽搁了时间，茶叶冷却后就再难压制成型。

制茶的一大难点，就是和时间赛跑。

进入压制车间，茶支放躺在专门的场地上进行加工。经过反复的踹、滚、锤、压、绞等技术动作，边滚压边绞紧。历时近半个小时，灌满黑毛茶的花格篾篓一圈一圈地“瘦下去”。最终，达到千两茶规定的外形规格尺寸和紧密程度。

以上工序，均需在酷暑的气候下完成。即使现在厂房条件改善，有了电扇甚至空调等设备。但高强度的体力工作，仍然使得茶工师傅们汗流浃背。挥汗如雨的压制动作，伴随着铿锵有力的劳动号子……

安化千两茶压制工艺，尽显阳刚之美。

选在酷暑压制千两，可谓是“自讨苦吃”。但没有办法，千两茶压制完成后的干燥过程必须在这个季节才能完成。

成型的千两茶，需要在特设的凉棚里竖立斜放。利用高温天气，自然晾置干燥。因此，一年四季也就只有选在盛夏压制千两茶最为适宜。若是放弃自然晾晒，而是进了烘房进行干燥，那茶汤风味就完全不对了。

至于晾晒的时间，有茶商说是“七七四十九天，集天地日月之精华”。不知道的人听说此言，以为说的是太上老君炼金丹呢。故弄玄虚之词，不可信。

实际上，千两茶的自然晾置需要将近两个月的时间。安化黑茶，有着越存越醇的特性。也只有晾透的千两茶，才能够保证后期不会发霉变质。也只有工艺到位的茶，才值得爱茶人久存。

其实值得收藏的不光是茶，更是这种一丝不苟的安化工匠精神。

说回到千两茶的压制工艺。各个环节间的配合，可谓行云流水、天衣无缝。个中奥妙，我这样一个“门外汉”也不可尽得其妙。大家也不能怪我太笨，毕竟在清末至民国年间，千两茶的压制技术就如同武林奇功一般神秘。

据白沙溪茶厂的负责人向我介绍，最早压制千两茶的技术只掌握在江南镇刘家的手中。此项技术，为刘家不传之秘法。刘氏族中，甚至还有“传男不传女，传媳不传婿”的家规。

当时刘家制作千两茶，都是在半夜进行。对外宣传，是趁着夜里凉快赶工。实际上，也是怕白天人多眼杂，偷学了家传的千两茶压制绝技。

千两茶·压制

这种情况，一直到新中国成立后才有了改变。1952 年，白沙溪茶厂招聘刘氏后人入厂为技术人员，从而发扬了千两茶压制工艺。据档案记载，自 1952–1958 年间，该厂累计生产千两茶 48550 支。

但千两茶的制作，工艺实在是过于繁复，且费工费力。1958 年后，湖南省白沙溪茶厂以千两茶加工工艺繁琐，劳动强度大、效率低、季节性强等原因为由，停止了千两茶的生产。

如今市面上仍有的“花砖茶”，即是“千两茶”的替代品。

为何叫作“花砖”？

因为“千两茶”，又名“花卷茶”。

代替了“花卷茶”的茶砖，自然就叫“花砖”了。

花卷，在北方人家庭中是当家主食。因为一般都会搁些油盐，在人心中总是比馒头更高级的美味。以我为例，在学校食堂有花卷一般就不选馒头了。

且慢！“花卷茶”，可跟这款主食没有什么联系。

为何茶名中有个“花”字，大致有如下几种说法：

其一，千两茶是用安化特有的“花格篾篓”包装，外形美观有花格纹。

其二，成品茶表面又经捆压形成的花格纹。

其三，原料中含有花白梗。

至于“卷”字，就显而易见了，指的是该茶在制作中，不断踩压滚卷而成。

现如今，花卷茶的名字已经成了一桩公案。既为公案，人人得参，也大可试参之。这也在品饮千两茶的过程中，平添几分趣味吧！

书接上文。自1958年“花砖”替代“花卷”后，千两茶算是彻底停产了。如今市场上出现了一些20世纪六七十年代的千两茶，多为臆造之物，绝不可信。

这次到安化，拜访了原白沙溪质检科科长王小平老师。据王老师回忆，20世纪80年代初期，曾经接到过一批来自台湾的千两茶订单。由于当时厂子里年轻工人较多，老师傅短缺，因此给恢复千两茶制作带来不小的困难。

后来还是将1958年前就在厂子里的老工人返聘回来，制作了一批千两茶。但由于并未接到后续订单，因此千两茶在20世纪80年代初昙花一现，就又销声匿迹了。

直到1997年，厂里又接到了来自韩国的千两茶订单。借此机会，厂子请回了李华唐和刘向瑞两位老师傅。李华唐是属于“杠师傅”，刘向瑞是属于“脚老爷”。据回忆，刘师傅不仅手艺好，劳动号子也是一绝。

随后，又请来杨岸冬和张正春两位“杠师傅”、八位“脚老爷”以及两班年轻的学徒。这样既可恢复传统千两茶，又可以将手艺传承下去。

自此之后直至今日，千两茶的制作再未中断。

1997 年，也就成了千两茶技艺传承中的关键一年。

我们不妨把安化千两茶，喻为一坛陈年老酒。它一度被冷落一旁，长时间默默地在枯寂里酝酿，终于开坛启封，以醇厚香洌的茶香，倾倒当世。

千两茶太过庞大，喝的时候需提前锯成片状的茶饼。古人讲，不动笔墨不读书。在安化，不动斧锯不喝茶。

这样喝茶，霸气又有趣。

撬下几块千两茶，别被它粗犷的外形吓到。殊不知干茶虬枝老干，茶汤方能深邃遒劲。

以茶水比例 1 ： 30 进行冲泡。以我个人的经验，煎煮的千两茶更加别具风味。煮茶如同吊汤，不仅要煮熟，更要煮透。直到茶汤口感软糯粘口，方可熄火作罢。

趁热连饮几口，解腻。

放凉猛灌数碗，痛快。

其实不只是千两，安化黑茶均是冷热皆宜。

时至今日，安化千两茶红遍大江南北，我赠其昵称为“中国茶界黑旋风”。

我愿千两茶如“黑旋风”一样，品饮豪气，茶汤霸气，价格平稳更接地气。

但求，如我所愿！

茯砖茶

· 我曾是“代购”

湖南安化黑茶，花色种类繁多为一大特色。细究起来，可以分为“三尖三砖一花卷”。

三尖，即天尖、贡尖与生尖。三砖，是茯砖、黑砖和花砖。至于一花卷，指的就是造型极为独特的千两茶了。

在众多的安化黑茶之中，我最早接触到的是茯砖。

大约是在北京奥运会前后，马连道茶叶街上开了一家经营安化黑茶的店铺。我感到很新鲜，就进去与老板闲谈。

那时安化黑茶还是个稀罕物，在北京根本没人懂得喝，店里真可谓是“门前冷落车马稀”。看着我进来，老板显得格外兴奋，斟茶续水格外殷勤。

据老板介绍，喝的这款茶叫茯砖。安化黑茶以陈为贵，这款是 2000 年前后的茶，已经有七八年的陈化了。现在想起来，自己关于安化茶的起步还真不算低了。

那时我有位老师，上了年纪饱受便秘之苦。听老板讲，茯砖茶润肠通便的效果极好。于是，我就抱着试试看的心态买了一砖送去。一个月后，

茯砖茶·晾干

老先生打来电话说效果极好。本不想再麻烦我，但他去张一元、吴裕泰都问了，人家说没进这种茶。因此，还要拜托我继续供应。

此后，我陆续将茯砖介绍给了不少老专家、老教授。一方面，我有赠茶之癖。另一方面，老先生的胃肠也多有些问题，喝了茯砖后确实舒爽。

很长一段时间里，我充当了老人们的茯砖茶“代购”。

我这样的“代购”存在，也证明当时茯砖茶在北京茶市场上仍十分少见。

到了2012年，《TimeOut》杂志社约我写一篇茶文化专栏，要求介绍适宜夏季饮用的好茶。我最终将题目定为《甭管黑茶白茶，保健祛暑都是好茶》，着重介绍了安化茯砖与福鼎白茶。

记得当时，这篇稿子还受到了杂志主编的质疑。理由很简单，他根本没听说过茯砖和白茶。在我的坚持之下，主编才同意发表了这篇介绍“不入流之茶”的稿子。现在想起来，这可能也算是较早在时尚生活类杂志中介绍茯砖了。

我在此絮叨这些，意不在为自己摆功。我所要证明的是，安化黑茶近年来发展速度之迅猛。数年前还是小众茶，如今已成为茶界的“黑旋风”。

不得了！

专写一篇关于茯砖茶的文章，并不全是因为我与其结缘较早，而是珍视其在安化黑茶“三尖三砖一花卷”中的特殊地位。

· 茯茶与官茶

茯砖，自古至今都可谓是安化黑茶大军中的急先锋。

著名历史学家黄仁宇先生曾写就一部《万历十五年》，至今经久不衰。若为安化黑茶立传著述，则应写一部“万历二十三年”。因为在这一年，安化黑茶正式被定为“官茶”。

如今在中国黑茶博物馆，仍保存戳有“官茶”印记的安化茶茶篓，如去参观一定不要漏看。官茶篓从一个侧面述说着安化茶业的风光历史。

所谓“官茶”，即此茶要受官方认可与官方管理。茶本为农副产品，何德何能让朝廷如此看重？明代谈修曾撰文，一语道破天机：

“茶之为物，西戎土番，古今皆仰给之。以其腥肉之食，非茶不消。青稞之热，非茶不解。是山林草木之叶，而关系国家大经。”

北方游牧民族，饮食结构单一，需要依靠饮茶来缓解“腥肉之食”与“青稞之热”。可长城以北皆不产茶，需向中原购买。茶，由此成为了中原与边疆间的纽带。

有时因茶而战，有时又因茶而和。实实在在“关系国家大经”，“山林草木之叶”也就难免要带个“官”字了。

安化茶品质优异，自晚明起便有了“官茶”的身份。

茯砖的茶名中，就有着这段“官茶”荣耀历史的痕迹。

由明入清，安化黑茶的经营仍受政府的管控。因此，便将安化的砖茶称为“府茶”，意为官府管控之茶。后又因这种茶加工季节多在“伏天”，而“府”与“伏”谐音，因此也叫“伏茶”。也有人认为，这种茶有中药茯苓的功效，因此就又称为“茯茶”。现如今，产品包装上多写作“茯砖”或“茯茶”。老包装上，偶尔还能看到“伏茶”的字样。反而是“府茶”的名字，很少有人提起了。

我们不应该忘记，“茯茶”曾拥有“府茶”的名字。

就像我们同时不该忘记，安化茶业辉煌的“官茶”时代。

安化茶不能算“茶界新秀”，而是名副其实的厚积薄发。

时至今日，安化许多大型茶企仍承担着国家指定的边销茶任务。自晚明至如今，安化黑茶已有历史 400 年。

2013 年 10 月 16 日，中国长寿协会发布了中国十大寿星的排行榜。请注意，寿星中的状元、榜眼、探花都是新疆人。而在十大寿星中，有五位来自新疆。

另外，在新疆 2200 万人口之中，80 岁以上的老人有 20 万之多。百岁老人有 1400 人，而且 90% 分布在南疆。

这些老人普遍嗜茶如命。而大家都知道，新疆是安化茯砖行销的主要省份。也就是说，新疆老人多长寿，与惯饮茯砖有着千丝万缕的联系。

行文至此，也愿那些经我介绍而惯饮茯砖的前辈师长们，能像新疆老人一样高寿。

当然，茶对于身体的调节温和而缓慢。若真想以茶养身，那必要“保质保量”才可以。一方面，要喝工艺可靠、存储得当的茶；另一方面，喝茶要变成一种良好的生活习惯，切不可三天打鱼，两天晒网。只有本着“居不可一日无茶”的生活节奏方可见效。

切莫听信茶商的夸大宣传，以茶代药甚至以茶治病，这些行为皆不可取！

我总说，有病去医院，千万别往茶城跑。

赶紧把话题说回到茯砖。

· 金花与发霉

茯砖之所以对身体大有裨益，金花起了很大的作用。所谓金花，是指茯砖茶内生长的一种金黄色的颗粒状菌落，学名叫冠突散囊菌。远远望去，像一簇簇亮黄色的斑点分布于茶砖之内，因此百姓就俗称之为“金花”了。

有一次，我在北京人民广播电台讲茶，有听众在互动平台留言说：朋友送了一块安化茯砖，结果掰开一看里面全是小金点，是不是发霉变质了？朋友把发霉的茶送来，是不是太不够意思了？

涉及友谊，我不敢怠慢。点开图片一看，哪里是发霉，明明是发出了金花。

我急忙告诉这位听众，他的茯砖不但没有变质，而且品质颇为上乘。可见送茶的这位朋友，不是不够意思，而是相当够意思了。

金花茂盛，是优质茯砖茶的一大特征。

研究表明，在茯砖茶发花过程中大量繁殖的优势菌——冠突散囊菌（即金花），利用茶体内的各种基质进行物质代谢转化。在完成自身发育生长的同时，分泌了数种胞外酶，催化茶叶内多种物质进行氧化、降解、聚合或转化。这些转化或代谢的产物，与茯砖茶内丰富的金花一起，共同构成了茯砖茶特有的色香味。坊间传说的茯砖茶“菌花香”，来源即在此处了。

至于茯砖特有的甜醇滋味，也要归功于金花所带来的复杂变化。

下次再发现手头的茯砖茶长金花，可不要再当茶发霉了呀！

但值得注意的是，安化黑茶“三砖三尖一花卷”中，理论上只有茯砖会自然发出金花。现如今有些茶商主打健康牌，又炒作出了“金花千两”“金花百两”“金花黑砖”等茶。更有甚者，福鼎茶商竟然还发明出了“金花白茶”……

自然生长出的金花，美丽可人。

人工炒作出的金花，难免矫揉造作。

之后会不会还有金花红茶甚至金花绿茶呢？拭目以待。

· 安化与泾阳

除去金花，产地也是茯砖茶的一个热议话题。

如今市场上的茯砖，可分为湖南安化与陕西泾阳两个产地。

谁是李逵？谁是李鬼？

这还要从一段往事讲起。

自湖南安化茶被官方认可后，就以“陕引”和“甘引”的形式运销西北。当时经营安化黑茶生意的商人，很多都出自晋、陕、甘等地。

他们在湖南安化收购黑毛茶，运往陕西泾阳筑成茯砖。所以，茯砖长期以来都有“安化茶泾阳筑”的历史。

其实这样的现象，在黑茶中并不少见。像云南普洱茶，当年茶商也是将青毛茶运至广州润水后压饼。而广西六堡茶，也有一部分是将毛茶运至香港装篓后再出售马来西亚。

黑茶，其实是原产地、转运地与消费地三处互动的产物。

茯砖茶，从泾阳压砖转为安化自制，这其中经历了不少曲折。

笔者收藏有一份20世纪60年代盛传毅撰写的《茯茶史话》。文中就详细地记录了安化自制茯砖这一历史。

抗日战争爆发之后,交通运输不便。安化黑毛茶运输西北成了大问题。1939年，有人想在安化试制茯砖茶，但并未发花成功。

安化第一次自筑茯砖，以失败告终。

茯砖在西北深受好评，因此陕西茶商根本不想让安化本地通晓压制工艺。于是乎，陕西茶商散布谣言，说茯砖压制时需要往里面“添加药粉”以助发花，安化当地人不掌握“秘方”，根本不可能自制茯砖。

随后，西北茶商又提出“缺三门”的理论：

茯砖茶·金花

第一，泾阳的气候不生杂菌，在湖南发花就会霉变。

第二，泾阳的水会发花，湖南的水不能发花。

第三，泾阳的工艺有祖传秘法，别人不得要领。

说得神乎其神，安化当地制茶人也就信以为真。安化自制茯砖的尝试，被迫中止。

结果在 1951 年，西北市场上陕商加工的茯砖竟然发生了霉变。这一事件，引起了北京中国茶业公司的高度关注。

北京中国茶业公司当即与黄海化学工业研究社合作，从科学的角度研究茯砖发花的原理。同时，召集了中南区、西北区以及湖南省等有关技术人员到京做试验。并真的从陕西泾阳取水运京，作比照试验。

结果，“非泾水不行”的谣言不攻自破。只要严守卫生观，遵循科学原理，甭说湖南的水，就是北京的水也照样能制茶。

自 20 世纪 50 年代初期开始，安化黑茶不再运往泾阳压制，而是就地自制茯砖。

泾阳茯砖的历史自那时起告一段落。直至近些年才又逐步恢复生产，这便有了大家在市场上见到的陕西茯砖茶。

如今，茯砖发花工艺仍然是安化制茶工艺中的精髓与核心。毛料筛分、整理、拼配之后，先汽蒸渥堆再称茶蒸压，随后，便要进入烘房进行干燥发花。

干燥发花，是茯砖加工茶的特有工序和关键环节。时间少则 20 天，多则一个月。温湿度的控制，是发花成功与否的关键。

进入干燥发花环节的茯砖，犹如闭关坐禅的僧人。修行期间，切莫为外人打扰。因此，茯砖的烘房也是每一个茶厂的禁地，一律谢绝参观。制茶是大事，丝毫马虎不得！

当年被西北茶商神秘化的茯砖工艺，如今已被现代制茶科学完全解密。

但若非说茯砖制作还有秘方的话，想必就是这百年不变的匠心吧！

天尖茶·包装

天尖茶

· 不太紧的安化茶

湖南安化的黑茶，长期以来都是边销茶的主力军。旧时运输不方便，需用骡马驮运。茶叶运输时，都要尽量减小体积。因此像千两茶、百两茶或是茯砖、黑砖，都属于不折不扣的紧压茶。

如今运输方便了，但造型却不变，这便是茶叶边销的历史烙印。

有时候我经常建议女同学应该买一款茯砖放在包里。走夜路遇到歹人，这茶砖的杀伤力绝不亚于砖头。如今安化黑茶主打健康理念，若宣传时再加上可供女性防身一条，估计销量还能翻倍。

我这话绝不算过度宣传。边疆地区，经常是用斧子或锤子拆茶。普通的茶刀或茶针扎在茯砖或是千两茶上，不过留下个白点而已。

茶压得有多紧，可想而知了吧！

记得十多年前，在北京卖安化黑茶的店铺生意多不景气。为了招揽顾客，老板便打出了“买茶管拆”的附加服务。我接触安化黑茶较早，但至今拆茶的技术仍不好。这也都要“归罪”于当年那几位代拆茶砖的老板了。

其实安化黑茶，也有压得不太紧的品类。

比如，天尖。

天尖，其实是湖南安化蔑篓散装茶中的一种。

这类茶的生产，始于清代乾隆年间。当时“西帮”茶商在采办茶叶时，指导安化当地茶农采摘细嫩芽叶，精细加工再经筛分后，制成不同档次的篓装高级安化黑茶产品。也就是说，这类蔑篓散装的安化黑茶，从选料上就与其他茶品有所区别。

例如，天尖以特、一级安化黑毛茶为原料。特制茯砖，则以二至四级安化黑毛茶为原料。而大名鼎鼎的千两茶，则仅以二、三级安化黑毛茶为原料而已。

所以，在很长的时间内，天尖茶的价格要高于茯砖或是千两茶。

蔑篓散装茶，是安化黑茶中的奢侈品。

那么是否可以说，天尖的品质就要优于茯砖或千两呢？

绝对不可以这样推断。

以上所讲，只是陈述不同安化黑茶选料老嫩程度的不同。而老嫩程度不同，可能会关乎茶商的经济账，但不应该干扰爱茶人的判断力。

采的原料嫩也好，老也罢，制作精良用心，都是好茶。

这就如同，非要在白毫银针、白牡丹、寿眉上分出高低上下，岂不是庸人自扰？

三尖、三砖、一花卷，都是传统安化黑茶的代表。爱茶之人，应无分别心才是。

· 七尖、三尖与湘尖

当年这类篾篓散装黑茶，一共有七种之多。他们分别为：芽尖、白毛尖、天尖、贡尖、乡尖、生尖、捆尖。其中的芽尖、白毛尖、乡尖、捆尖等几种产品，在清末便停止加工。只有天尖、贡尖与生尖的生产延续至今。这便是如今赫赫有名的“安化三尖”。

在安化当地，传说天尖是敬献皇帝享用之茶，地位最为崇高。贡尖为王公贵族服务，生尖则专供富贵人家。历史上是否真如传说所讲？我是做文献工作的人，没有史料支撑，不敢妄下判断。

但要注意的是，清代道光朝的两江总督陶澍就是安化县小淹镇人。而后来的晚晴重臣左宗棠也曾在安化住过数年之久。这两位都是可上达天听之人。

他们是否把安化篾篓散装茶呈献宫廷？我们也不得而知。但可以肯定的是，以此二人的政治地位来看，天尖、贡尖的传说也不会完全是空穴来风了。时至今日，安化当地仍将陶、左二公视为安化黑茶的“推广大使”。

1972 年，安化的茶厂因为忌讳产品带有“天”“贡”等具浓厚的封建色彩的字眼，于是便将这类篾篓散装的黑茶一律称为“湘尖”。

其中，天尖更名为湘尖 1 号、贡尖为湘尖 2 号、生尖为湘尖 3 号。1983 年以后，又恢复了“天尖”“贡尖”“生尖”等旧名称。看来“封建文化”还是有些魅力的嘛。

湘尖，成了安化黑茶发展中的一段插曲。

如今，湘尖茶已罕为人知。而贡尖、生尖二茶，生产者亦不甚多。

“安化三尖”之中，以天尖最负盛名。

其实比起茯砖、千两茶，天尖茶的加工并不算太过复杂。黑毛茶原料经过筛分整理拼堆，再经高温气蒸软化，随后装篓压紧定型，用蔑条捆包，基本的造型就算完成了。

但在装填捆包过程中，要在蔑包顶上插3–5个小孔。孔内插入丝茅草，借此使得蔑篓内的茶叶水分、热能得以散发。

有时候做茶的成败，就取决于细节的处理。

将处理好的蔑篓茶包放至通风干燥处晾置，一般日夜干燥一周后，即可大功告成。比起茯砖、千两茶这样的紧压茶，天尖茶所需干燥时间较短。

因此可以说，天尖茶更易“成材”。

· 神秘的松烟韵

安化黑茶中，我喝天尖茶最多。倒不是偏爱，只是我太懒，天尖茶又相对方便取用而已。如今茯砖、千两茶也都能切成小块，真可谓我这等懒人的福音。即便如此，我时常还是会想念天尖茶，仿佛肚子里有只馋虫勾着我一样。

为何如此？

答：安化天尖，尤其独特的风味。

何种风味？

答：松烟香。

湖南安化·永兴茶亭

初饮安化天尖茶，很多人会不习惯。第一冲茶汤入口，总觉得有一股子烟味儿。莫急着开口评论，再接着第二冲、第三冲……饮下去，这时再细细捕捉，你会发现茶汤有了变化。

那股子烟熏的味道，渐渐悠游缥缈，及至若有似无。含了片刻，茶汤风格一转，甜味忽然间呈现了出来。再找刚才那冲口的烟味，不见了踪迹。犹如进入原始森林，从谷底飘来些许香味的青草气，一缕轻风吹过来，飘然而散。

三冲之后，醇绵的陈香渐渐显现。伴着一丝丝烟韵，天尖茶层次感渐显，带来的乐趣慢慢体现了出来。

有一次上课时讲到天尖茶，随手冲泡请同学们品尝。

我问其中一个女同学：喝到了什么味道?

女生羞答答地说：腊肉味!

我不怪她，反倒觉得贴切。毕竟，安化的腊肉与黑茶一样出名。

饮食之道，触类旁通。会吃腊肉的人，也就一定可以欣赏天尖茶的烟韵了。

下面我分享一下自己吃安化腊肉的心得，希望有助于大家理解天尖茶之美。

安化人吃腊肉，首先是气势逼人。风干的腊肉，要切成半个手掌大小，两根手指薄厚的肉块。摆盘后上锅蒸透，不再调味直接食用。

腊肉蒸熟，一大部分油脂已经化为液体，流出来淌在盛肉的容器内。没蘸水，也不调汁，吃的就是腊肉的本味。腊肉的本味是什么？自是腊味。而腊味说白了，也具有一种烟韵。

浓郁的腊味，最经得起品味。咬开来看那肉的纤维，如油松肌润般红润。包裹着的肉香，也慢慢地散发开来。

吃腊肉要有好牙，越嚼越香。

喝天尖茶最需耐心，越品越醇。

一口一口地喝下去，甚至可以细细地咀嚼。茶汤后口转润，有明显的胶质感。天尖茶的烟韵，渐渐地释放出来。在味蕾间悠然回旋，经久不散。

都说黑茶宜饮不饮品，我想安化天尖茶可能算是例外了。

· 传说的七星灶

天尖茶烟韵的形成，有赖于安化独特的七星灶。

任何茶初制环节的最后一步，几乎都是干燥。绿茶，可用炒、晒或是烘。白茶，是靠日晒加炭焙。安化黑毛茶干燥，靠的就是七星灶。

笔者收藏有一份李德梅等人写于 1962 年的《安化黑茶初制技术经验调查》。其中在干燥一项中对于七星灶有着详细的记录。这为我这个“外地人”了解神秘的安化七星灶，提供了宝贵的资料。

七星灶的名称，由来于灶内的七星孔。李德梅等在文中写得非常清楚：

“七星孔装置在灶前墙内侧与火门连接，用砖按扇状形式砌成，共

作者探访安化七星灶

有七孔……七星灶有压散火力，使热均匀散入灶内的作用。”

由于“七星孔”是整个灶台中最为核心的一部分，直接关系到黑茶毛的品质形成。因此，就以“七星孔”命名了“七星灶”。

但以我在安化走访的经历来看，“七星灶”可不一定是七个孔。小一点的灶，只有五至六个孔。而大型的七星灶，其实有十余个灶孔之多。

“北斗七星”被民间视为祥瑞，因此不管到底几个孔，还都是一律都叫“七星灶”了。

所以这个“七”字，并不是一个准确的数字。

再例如，东方美人又名五色茶，可其实并非干茶一定要凑够五种颜色或只能有五种颜色。再如白茶，讲究“一年茶、三年药、七年宝”。但不是说七年以上，就可以卖出天价，这句话，也只是形容了白茶越陈越香的特性而已。

茶界的数字，有时候不可以过于认真。一个焙茶的灶口，竟能有“七星灶”这样文雅又略带神秘色彩的名字。若非要实事求是，叫六星灶？或是十二星灶？有时候太较真，那份美感便荡然无存了。

古人起名字时，兼顾着朦胧之美。

今天的习茶人，切莫不解风情呀。

毕竟，茶事是一桩美事。

对于采用松柴明火工艺的安化黑茶，有些人总是心存芥蒂。认为是原材料不好，才用这样的手段乱搞一气罢了。殊不知，这七星灶用法的讲究，绝不逊于乌龙茶的炭焙工艺。

我看第一座七星灶时，是由原白沙溪质检科科长王小平老师全程陪同。据王老师介绍，待烘干的茶坯虽多，但绝不能一股脑地倒下去。安化七星灶，干燥茶坯讲究循序渐进。

当焙帘上温度达到70℃以上时，开始撒上第一层湿茶坯。厚度约2–3厘米。待第一层茶坯达到六至七成干时，在其上直接撒上第二层茶坯。如此一层又一层地叠加上去，少则七层，多时可达十二层。

等到最后一层表面干燥到七成左右，就可以开始翻焙。这过程有点像炒菜，就是把下面的翻到上面，以求受热均匀。加层干燥再加上翻焙，前后大约需要五个小时才能完成。

王小平老师在茶厂中，悬挂着一副对联：

七星灶里柴鸣火啸转乾坤，九重堆中雾腾云绕炼醇香

看着安化的七星灶，谁还能说黑茶工艺不讲究呢？

只是不了解而已。

2007年施兆鹏、刘仲华主编的《湖南十大名茶》中，上榜者清一色为名优绿茶。

茶事丰富，犹如人事。人，要可感可传才可记。茶，要有貌有品才扬名。

所谓名茶，就是要兼顾工艺与文化双重意义。

我盼望着，若再评名茶，安化黑茶也能金榜题名。

第四辑·再加工茶

香六安

上一次聊起“六安骨”，很多同学都觉得新奇。

那么不妨，我们再来聊聊他的好兄弟——香六安。

说是兄弟，皆因为这两种茶名中都带有“六安”二字。

同时，这两款茶“籍贯”相同，都是香港老茶行的特色。

正所谓：江山代有才人出，各领风骚数百年。当年的香六安，也算得上是港澳人气爆棚的品种。可如今不要说喝，就是听说过“香六安”三个字的人，也是寥寥无几了。

没关系，咱们慢慢聊。

从何聊起？

不妨，还从美食开始吧。

· 旧京的饭庄

在北京、天津一带，有一种特色饮食，名叫“折箩”。

起源自何时？谁也说不好了。但常见于回忆民国生活的文章当中。推算起来，“折箩”的流行，应始于清末民初吧。

香港老茶行・上香六安茶叶桶

谈起“折箩”的出现，不能不说北京的宴席风气。

旧京的餐饮业，可分为饭庄、饭馆、二荤铺子等几类。

所谓饭馆，最类似于我们今天的餐厅。可以接散客，三五个朋友去吃，冷热荤素，丰俭由人。

二荤铺子，更像是单位楼下的快餐。经营范围比较单一，菜品较少，基本上是工薪族吃工作餐的好去处。

饭庄，则大不相同。

首先，这种地方不接待散客，而是承办各种酒席。寿宴、喜宴、或是同乡会、庆功宴皆可。

其次，饭庄的消费很高，做的也不是家常菜。北京的饭庄一般以成席的鲁菜为主，偶尔有一两家淮扬菜的馆子。

饭庄的字号一眼就分辨的出，都是叫“某某堂”。像开在地安门大街的庆和堂、开在什刹海北岸的会贤堂、开在前门外观音寺街的惠丰堂、开在东城钱粮胡同的聚寿堂等。

光是我听祖父辈常提起来的饭庄，就有十多家，在这里不一一列举。

这些饭庄的共同特点是，有宽阔的庭院，幽静的房间。使用的餐具也都是成套，多是名窑细路的瓷器。

各饭庄还都设有戏台，可以在宴会的同时，唱大戏或是演曲艺。

饭庄的一次宴席，起码要摆几十桌。

中国人的宴会，总是讲究排场。不仅要吃饱，还要吃好。而最理想的状态，则是一定要有菜剩下来。有了剩菜，才显得主人好客。盆干碗净，则好像客人没吃饱似的。

有人批评，这是中国饮食文化的陋习。

那您是只知其一，不知其二。

· 美味的折箩

旧京的饭庄子，每天剩下的菜量的确十分可观。有不少，甚至是整盘纹丝没动。别着急，会过日子的中国人是绝对不会让这些食物白白浪费掉的。

宴会结束后，就会有伙计收拾桌面，把这样一盘盘几乎没动过筷子的剩菜，倒入一个特定的箩筐。

之所以要是箩筐，是因为这样汤水可以沥下去，而留下实实在在的“干货”。

留下来的“干货”，饭庄的大厨会进行二次加工。

烩出来的一大锅，便是“折箩”。

我曾偶然翻看过，谭汝为教授编撰的《这是天津话》，书中也收入“折箩”一词。

由此可见，“折箩”为京津共有的特色吃法。

关于“折箩”的定义，《这是天津话》一书解释得十分清晰，特抄录：

“宴会酒席吃剩下的菜，不同种类，都倒在一起，称为：‘折箩’。

这里的‘折’，普通话应读为阴平，但天津话读为阳平。

为什么叫‘折箩’？这里的‘折’，属于动词，就是倒过来倒过去的意思。

所谓‘箩’，是名词，就是箩筐的意思。

‘折箩’的构词理据，就是把酒席结束后的各种剩菜，集中倒入箩筐里的意思。”

请注意，这里也明确指出“折箩”是“宴会酒席吃剩下的菜”。

也只有这种讲排场的酒席，才可以有几乎未动筷子的美味佳肴。也只有这样的剩菜，才可以成为制作“折箩”的食材。

小饭铺，或者散客吃剩下的菜，没法制作“折箩”。

· 物美价又廉

饭庄子的“折箩”，是一种十分廉价的美食。一般就是支一个摊子，一大碗一大碗地卖。吃“折箩”的人，有贩夫走卒，甚至还有穷学生。

著名的历史文献学家来新夏先生，曾在回忆文章里写他读中学时吃“折箩”的经历：

每周至少有两三次从家里带饼子或馒头，到“折箩”摊，花一毛钱，从滚开的大锅里盛一大碗“折箩”菜，吃得满头是汗。

有时还带着铝锅，买两份带回家烩菜，真是价廉物美。

有时还能在碗里夹到鱼虾和丸子。

有一次，在“折箩”摊上，我夹到一缕像粉丝那样的菜肴，旁边一位小商贩告诉我说，这是鱼翅。我又仔细看了看，急忙吞下。

吃“折箩”菜，让我吃到从来没吃过的东西。

我三年高中，一直光顾这家“折箩”摊，直到去北平辅仁大学求学为止。

有鱼虾、有丸子，甚至能吃到鱼翅。这样的“折箩”，可谓是货真价实！

不要以为只有穷人吃，达官显贵一样也要吃“折箩”。

著名的红学家、文物鉴定家周绍良先生，出身名门望族。祖父周学熙，是晚清民国著名实业家。父亲周叔迦，则是著名的佛学家。

香六安 · 干茶

香六安 · 茶罐

周绍良先生在《馋余杂记》一书中回忆，每次祖父、父亲设宴请客后，都会嘱咐伙计把剩菜用食盒送回家来，名曰“送折箩”。食盒里的剩菜，便是晚上全家人的饭食。

即使是周家这样的望族，也习惯于吃“折箩”。

“折箩”，代表着人们对于食材的尊重。

杯盘罗列，那是好客之心。

烹制折箩，那是惜物之情。

现如今，我们继承了传统宴席的“杯盘罗列”，却早已忘了先人的“折箩精神”。

在当年，即使是周绍良先生家这样的望族，也习惯于吃“折箩”。

吃折箩，不丢人。

不惜物，才可耻。

惜物之情，理应人皆有之。

· 神秘香六安

讲起家乡的美食，又是滔滔不绝了。

赶紧把话题，转回到茶学。

讲起京津特色的“折箩”，也是希望帮助大家更好地理解神秘的“香六安”。

香六安，其实就是茶界“折箩”。

和“六安骨”类似，“香六安”里也没什么六安茶。

“香六安”，到底是什么做的呢?

香港的“香六安”，主要使用一些云南的普洱散茶。同时，还会混合入店里的碎红茶和碎绿茶。当然，也可能还有各色乌龙碎。

当时的香港茶行，贸易量很大。许多大陆名茶，都要通过香港再转销台湾以及东南亚地区。

每一次分装茶叶，总是会有不少的碎茶出现。有时候，还常有一些尾货囤积。这些本都是质量优异的好茶，可是却失去了商品茶的意义。

于是乎，茶行老板便将这些茶，按一定比例进行拼配，从而造就出一款新茶。不光是拼配，为了统一口感，再配以米兰花提香。

由于“六安茶”在香港茶界地位太高，所以也想着能蹭一蹭热点。

综上所述，便有了“香六安”的问世。

这么多的茶碎，本也都是好茶。

只是由于碎掉，缺了卖相，难不成就成了垃圾?

当然不会。

换句话讲，若是只能“以貌取茶”，那也真称不上懂茶之人了!

习茶之人，爱茶，更要懂茶。

任你讲得天花乱坠，我还是只认这杯茶汤。

整茶也好，碎茶也罢，能泡出好喝的茶汤，便是好茶。

福建福鼎·昭明寺

在香港，专门有一批老人爱喝“香六安”。如同“折箩”里有肉丸、虾仁甚至鱼翅一样，“香六安”里可也都是好茶啊。陈年普洱、上等绿茶、特选祁红，可谓是应有尽有。

喝惯了这口儿，一般的茶还真很难替代。

我曾在香港上环的三家老茶行，各买二两“香六安”。拿回酒店开汤尝试，竟然还是各有特色。

原来日久天长，各家的“香六安”已都有了自己的秘方。用几种茶互相搭配，从而寻找到口味上的黄金平衡点。

这茶界的“折箩”，实则是惜物精神的最好呈现。

看似将就，实则讲究。

香六安，价格不高。

但这份爱茶、懂茶、惜茶的情意，贵比真金。

· 佛门百味茶

还有一次喝到“折箩”般的茶，是在福建。

有一年在福鼎做茶，顺便去闽东古刹昭明寺做客。

昭明寺，始建于南梁年间。传说，是昭明太子萧统所建。掐指一算，已是有 1500 年历史的古刹了。

住持界空法师，知我是做茶文化工作，便热情地给我泡了一壶“百味茶”。顺带着考一考我，这“百味茶”究竟是红是绿？是白是黑？

出汤入碗，颜色橙红。入口轻呷，口味饱满。有香，有甜，也有苦有涩。与我记忆库中的味道都很像。但一一比对，又都不完全吻合。

看我满脸疑惑，界空法师这才道出始末缘由。

原来昭明寺，佛缘广大，香客众多。很多人到了寺里，都给法师拎一包茶叶。有的是红茶，有的是绿茶，也有的是福鼎的白茶。

虽说佛家弟子大半爱茶，可是也架不住送的人太多。这包还没喝完，另一包又送来了。日久天长，寺庙里存下了不少剩茶、碎茶甚至茶末。有时候，包装字样模糊，也分不清红绿黑白了。

于是乎，界空法师便将这些茶都混入一个大袋子。喝的时候，随手抓一把，这便有了百味茶。

味道既有绿茶的鲜，也有白茶的甜，再加上乌龙的香，红茶的润，黑茶的醇……

这折箩般的百味茶，说是香茗，倒不如说就是生活呀！

日头偏西，我准备告辞下山。

法师说：劈柴、挑水，皆有佛法。

我忙答：整茶、碎茶，都是好茶。

六安骨

最近微博上，向我咨询问题的同学分为了两大类。

一类，当然还是请教与茶相关的事情。这是我的老本行，自然是义不容辞。

另一类，则是咨询各地的美食。这一类，我纯属友情客串。

皆因为，饮食之道，相伴相生。所以我讲茶课时，三句话离不开一个“吃”字。这些年到了各地访茶，自然也爱多吃两口。

习茶的同学，大多也都是醉心于吃喝之事。因此，聊吃也成了我一大任务。

这篇饮茶札记，咱们也不妨就从美食聊起吧。

· 野田岩老店

近两天有同学问我：要去东京旅行，什么最值得吃？

答：鳗鱼饭。

日本料理，现如今大行其道。最流行的就是寿司，北京多年前有家禾绿寿司店，手艺十分一般，但是还经常人满为患。可见国人对于寿司，

日本东京・野田岩老店

十分热衷。

其次是拉面，也有大型连锁品牌，像味千拉面就是一家。口味不敢恭维，却也曾经开遍北京大街小巷。

唯有鳗鱼饭，在国内罕见专营店。即是有，也多是附属于日本餐厅的一部分。

原因何在？

答：制作复杂。

真正的鳗鱼饭，制作过程极其繁复。新鲜鳗鱼拿到后厨，要先开膛处理。剔掉中间的硬骨，再拔去肉中细刺。然后蒸熟，随后再进行炭烤。

所以真正鳗鱼饭上的鳗鱼，是先蒸后烤，您说麻烦不麻烦？

烤的时候，厨师傅还不能闲着。一面烤，一面淋上甜酱汁。从下单到上桌，前后忙活下来，大致需要半个多小时。

换言之，要是您点的鳗鱼饭十分钟就上菜了，想必口感好不到哪里去。

想获得美味，食客要有耐心等，厨师要有耐心做。

当然，想喝一杯好茶，也是一个道理。

制茶的人抢工时，缩短萎凋、做青或发酵的时间，这杯茶也好不了。

饮食一类，绝非虚言。

说回到鳗鱼饭。

“那么东京，哪家鳗鱼饭最好吃呢？”同学追问。

“好吃与否，全凭个人感觉。但是老店野田岩，确实值得一去。”我答道。

野田岩，是东京做鳗鱼饭的老店。有多老？开业超过两百年。如今的掌门人，已是“五代目”，也就是第五代传人的意思。

早在20世纪七八十年代，野田岩就走出了日本国门，把鳗鱼饭卖到了法国巴黎。

· 鳗鱼饭之外

鳗鱼除去蒲烧外，也可以白烧，就是不刷酱。两者都很肥美，大可放心。

对了！还有一种叫“鳗重”，我也试过。其实就是一层饭打底，加一层鳗鱼在中间。再盖上一层饭，最后再铺鳗鱼。味道与正常的品种差别不大。

除去鳗鱼饭，店里的一些小菜更值得尝试。亦或者说，鳗鱼饭可能回国也吃得到，没有一百分，总有七十分吧。但是这些小菜，离开野田岩，还就真吃不到了。

野田岩老店，坚持用鲜活鳗鱼，而拒绝使用分装好的鳗鱼肉。理由很简单，口感不够理想。自己宰杀，便会有很多鳗鱼的下水（内脏）。

丢掉了太可惜，于是历代野田岩的掌门，便致力于研究鳗鱼下水的料理。几代人下来，已有颇多成绩。

比如，在野田岩吃鳗鱼饭，一般都会上一碗热汤。别小瞧，那是用鳗鱼的肠子熬的。吃起来有苦味，但总吃会上瘾。还有烤鳗鱼肠，可以单点，一碟子两串，口感也很别致。

还有一些渍物，性质与咱们饭馆里自己腌制的小菜相同，也都是用鳗鱼内脏做的。

看着有些不知内情的人，只顾着给鳗鱼饭拍照。这些汤水小菜，一律置之不理。真的太可惜了！

这些虽是下脚料，但运用匠心，也成了美味。

· 神秘六安骨

变废为宝，茶界中也有成功案例。

在香港的老茶行里，有一种神秘的茶名叫“六安骨”。香港市民，六十岁以下者几乎无人知晓。如今也只有在传了几辈人的老茶行里，才有可能碰得到了。

有的茶店，六安骨也叫六安枝王。一大罐子摆在货架的角落里，罕有人问津。你要是操着普通话跟他买六安骨，老板总会忍不住多看你两眼。

别担心，那眼光里有七分惊讶三分赞许。

老板心中暗想：竟然知道六安骨，此人怕是个内行了！

六安骨，和六安瓜片有什么关系？

答：没关系。

六安骨 · 干茶

六安骨，和六安篮茶有什么关系？

答：还是没关系。

六安骨的干茶，就显得十分诡异。只见茶梗，却没有半片茶叶。亮棕色，嗅下去有丝丝的焙火香气。

香港人泡六安骨，一般就是大壶闷泡。随手丢一大把进去，绝不怕过于浓酽。却原来，六安骨有久泡不苦的特性。

大壶里倒出来，茶汤颜色橙黄鲜亮，让人看着就有想喝的欲望。滋润柔顺，口感甘甜。细细咂摸，怎么也找不到苦味。而那股子甜，远超过了一般的茶汤，香港的老茶客可真是离不开。

· 茶梗变宝贝

到底，何为六安骨？

答：其实就是铁观音的茶梗。

二战之后的香港，民生凋敝生计困难。并非是每一个家庭，都能够负担得起铁观音这样的好茶。但是毕竟是香港人，多年饮茶的习惯却是改不掉的。于是乎，只能退而求其次，找一些廉价的来喝。

铁观音，与其他乌龙茶一样，需要有初制和精制两大步骤。精制时，自然要将茶梗、老叶挑掉。

挑出来的茶梗，就如同老店野田岩剩下的鳗鱼下水一样，本都是边角料了。

但有匠心独具的香港茶行，将茶梗拿来再进行精心焙火。功法和尺寸，与焙铁观音精制茶一般无二。绝不会因为它是下脚料的茶梗，就随便焙火了事。

价有高低，茶无贵贱。

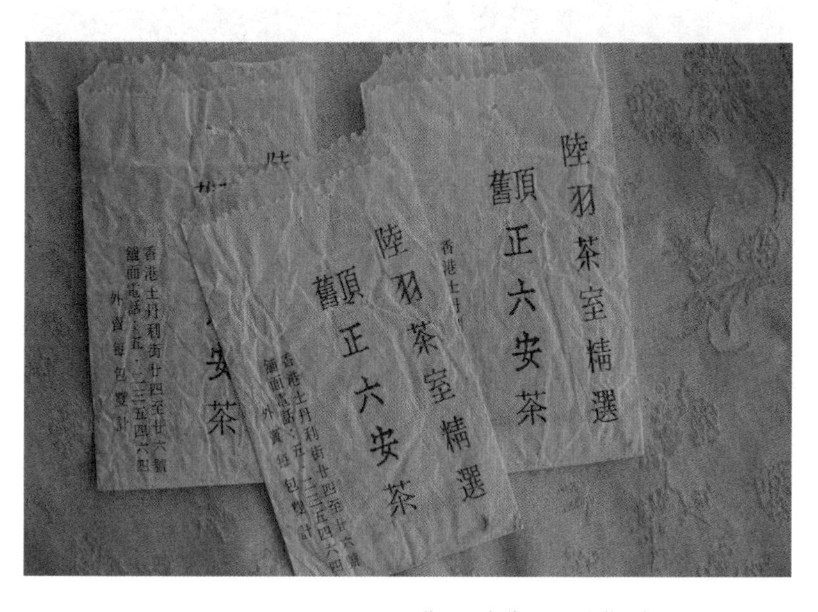

20 世纪 60 年代·正六安茶包装袋（作者自藏）

香港·陈春兰茶庄

焙好了出售，总不能名字就叫铁观音茶梗吧。六安如龙井，虽是地名，但也几乎是好茶的代名词。加上茶梗其状，乍看上去犹如筋骨。于是乎，便取名叫“六安骨”。

为何叫六安骨，而不叫龙井骨呢？

只因为在香港，六安的名气实在是大于龙井。关于真正的六安茶，能讲的还有太多。以后辟文讨论，这里不多费笔墨了。

据曾于福建省茶叶进出口公司供职多年的陈慧聪老师回忆，当年的铁观音一律是挑梗焙火后出口。换句话讲，出口香港的铁观音并不带梗。

那么六安骨，原料由何处而来呢？

陈老师补充说，虽然出口铁观音不带茶梗，但当年确有铁观音茶梗单独出口。由于出口量大，需求持续，小小的茶梗与铁观音一样，还拥有自己的唛号。

茶梗本是下脚料，但匠心焙火后，变成了香港特色名茶“六安骨”。

在香港老茶行里寻一包六安骨，便像是在老店野田岩里喝一碗鳗鱼肠熬的汤一样，皆是懂得饮食真谛之人。

饮食之道，不见得就要多么名贵的食材。

鱼翅、燕窝又如何？一段鳗鱼的肠子，也可以无尽鲜美。

如今张嘴要喝正岩，闭口非老茶不饮的人，和炫鱼翅、燕窝又有何不同呢？

就是茶梗制成的六安骨，照样能泡出一杯上好的茶汤。

变废为宝，是一种美德。

能够欣赏，这由“废”变成的“宝”，则是一种智慧了。

在困难的日子里，许多香港家庭，便是靠着一壶六安骨度过苦难的时光。

林语堂先生曾说：“只要有一只茶壶，中国人到哪儿都是快乐的。”

这茶壶，绝无贵贱之分。

魁龙珠

· 住与不住

2017 年下半年，应《扬州晚报》之邀讲授《茶经》。北京到扬州，老早就开通了一趟 Z 字头列车。夕发朝至，倒也方便。

但我执意选了动车，上午从北京出发下午抵达镇江。到站后再搭乘汽车过长江，驱车四十分钟达到扬州市区。之所以费了一番周折，只因我想在扬州多住一晚。

游扬州，住与不住，是有些差别的。

白天的扬州，风光皆在瘦西湖、何园、个园这些景点上。不得不承认，扬州景物之美，大有融汇南北之势。唐代诗人张祜的《纵游淮南》中，有"人生只合扬州死"的句子。这里的"死"不可直接翻译为"死亡"，既生硬也无趣。婉转些，理解为"慢慢变老"更为贴切。

我在扬州，见到不少全国各地的老人。退休后，他们选择来扬州养老。在这样的城市里优雅地老去，岂不是一桩美事？可见诗人世人，古人今人，情意仍能相通。

怪不得，古诗仍可感动今人。

夜晚的扬州，主角则换成了明月。其实只要天晴，哪里看不见月亮呢？可说来奇怪，古代诗人就偏爱扬州明月。如杜牧的《寄扬州韩绰判官》：

青山隐隐水迢迢，

秋尽江南草木凋。

富春花局·石刻匾额

二十四桥明月夜，

玉人何处教吹箫。

又如纳兰性德的《浣溪沙·红桥怀古》：

无恙年年汴水流，一声水调短亭秋，旧时明月照扬州。

曾是长堤牵锦缆，绿杨清瘦至今愁，玉钩斜路近迷楼。

词句不去细究了，反正读过后都记住了扬州的月色。文人游扬州定要赏月，当然是要住的了。

我也爱夜宿扬州，但为的则是第二天起来后的早茶。

· 富春茶社

扬州城能吃早茶的地方很多，但我独爱富春。这里的前身，是开设于清光绪十一年（1885年）的富春花局。1912年，在时任扬州商会会长周谷人的建议下，富春掌门人陈步云在花局中开设茶社。自此算起来，富春茶社已是一座百年老店了。

茶社开张第一年，只经营单纯的茶水业务。随后，掌门人陈步云先后增添了枣泥包子、细沙包子、蟹黄包、雪菜包、三丁包等多种花色的茶点。

富春茶社·茶点

质优味美，自是大受欢迎。时至今日，“富春茶点”已是非物质文化遗产。新中国成立后，掌店人又在富春的经营范围之内增添了炒菜。至此，富春茶社便以“花、茶、点、菜”“四绝”闻名于世。

虽然说是“四绝”，但富春至今仍以茶社自居。富春的茶若没有特别之处，想必也绝难在维扬区众多茶社之中立足。著名美食家唐鲁孙先生曾在《富春花局》一文中写道：

“他家茶非青非红，既不是水仙香片，更不是普洱六安，可是泡出来的茶如润玉方斋，气清微苦。最妙的是续水三两次，茶味依旧淡远厚重，色香如初。”

唐鲁孙先生家世显赫，是满洲镶红旗后裔，晚清珍妃的侄孙。由于出身，他幼年有机会接触到皇家生活。一生游遍全国，对饮食又有独到的见解。能让他赞不绝口的茶，定不是俗物。

这款唐鲁孙口中“润玉方齑，气清微苦”的茶，正是富春的独家私房茶——“魁龙珠”。

如今来富春，这款茶仍是我的最爱。它非红也非绿，非白又非黑，准确来讲是一款再加工拼配茶。有些神秘色彩的“魁龙珠”，其实秘密就在名字当中。据说研制者陈步云老先生，是在三款参与拼配的茶名里各取一个字，便有了“魁龙珠”的名字。由于是来自三个省的茶拼在一起，所以魁龙珠又有“一江水煮三省茶”的美名。

· 神秘配方

长期以来，“魁龙珠”的配方一直属于一种商业机密。以至于，不同文献间的记载差别很大。《富春天下一品》一书中就说道：

“富春茶魁龙珠三字组成的茶名在视觉上高贵奇丽，听觉上响亮而又神秘。其实，这一名称并非刻意题取，而是分别代表了安徽魁针，浙江龙井和富春花局自产珠兰。”

按其说法，所谓“魁龙珠”即是安徽魁针、浙江龙井和江苏扬州珠兰。而珠兰到底是富春自种的花？还是窨制的花茶？文中描述得并不清晰。

扬州吴道台府的后人，“吴门四杰”之一的剧作家吴白匋的说法与此不同。他在《我所知道的富春茶社》一文中写道：

“先从茶叶说起，服务员每天用锡制的小圆杯作为量具，把三种茶叶，即浙江龙井、湖南湘潭家圆奎针和扬州窨制的珠兰茶混和一壶。龙井取其色，珠兰取其香，奎针取其味厚而后劲大，合在一起，色香味俱全。”

要按吴老的讲法，则是浙江龙井、湖南湘潭家圆奎针和扬州窨制的珠兰茶。他明确指出，珠兰是窨制花茶。对于“奎针”的描述，与《富春天下一品》中出入很大。不仅产地不同，甚至用字都不一样。

为了“魁龙珠”的配方，我专门请教了富春集团总经理徐颖宏。据徐老师讲，“魁龙珠”的确如坊间传闻是由三款茶拼配而成。

这三款茶，分别是产于安徽的魁针、产于浙江的龙井以及产于江苏扬州的珠兰花茶。（笔者按：所谓“魁针”者，产于安徽太平、歙县一带，与猴魁无关，条索工艺都更接近于今日之毛峰。）

虽然具体比例不便公开，但徐老师透露给我是以龙井为主。这个配方自 1921 年创制至今，三款茶从未变化，只是珠兰花茶所占比例略有调整。

至此，“魁龙珠”配方真相大白。

· 拼配之妙

对于爱茶人来讲，配方只是谈资，好喝才是王道。

陈步云老先生研制“魁龙珠”，也正是从口感出发。

以龙井的细腻，加之魁针的厚重，再配上珠兰的香气，强强联合自然不同凡响。三款茶拼在一起，不仅在口味上互为补充，也客观上延长了耐泡程度。

自 1921 年问世至今，“魁龙珠”走过了近百年的历程。

拼配茶的生命力之强，可见一斑。

但现如今，拼配茶却几乎成了贬义词。

此事缘起，普洱茶“纯料”概念的火热。这个“纯料”概念，开始是针对产区。一饼茶，要全部用同一山头的茶制作而成。不同山头间泾渭分明，绝不能互相掺和。

但没几年，可能觉得这样也还不够纯，于是又把注意力从山头缩小到了茶树。一饼茶，要用一棵树上摘的料制作。掺了旁边树上的茶青，都算不得纯料茶。

说真的，我还真的很期待剧情的进一步发展。

与此相反，若谁的茶压饼不用“纯料”，那就要受到道德的批判。

仿佛“拼配”等同于“以次充好”，是无良茶商的专属行为。那照此说，富春茶社的陈步云老先生，则也要上审判台了？

据我所见，如今过分强调“纯料”概念，反而是一种纯粹的商业炒作。为了让自己的产品有卖点，有噱头，而自我加大制作难度。如同跳水比赛，若只是纵身入水就太普通了，只有加上空中转体 360 度这样的动作，才可以增加难度系数，从而取得高分。

富川茶社・魁龙珠

可若从实际出发，谁跳水时会刻意把自己的身体拧成麻花呢？体育竞技比赛，与现实中的操作是两码事。

“纯料茶”，就属于自己增加难度系数的行为。

有无实际价值？或说实际价值有多大？照此发展下去，是不是以后要具体到用同一树干、同一树枝的茶青，才可以算纯料？

这一系列的问题，本文绝不妄下断言。

但有一点可以肯定，是否为“纯料”，与成品茶质量好坏之间，并没有必然联系。

当然，我们应允许像“纯料”这样的趣味玩法。但切不可以此为主流，更不可以偏概全地轻视“拼配”。

剧作家吴白匋的文中记载，小伙计要用锡制量杯来拼配“魁龙珠”。那么也就是说，“魁龙珠”的拼配绝非恣意乱为，而是像做实验一样严格。这里面既要有配方，更要有经验，丝毫马虎不得。富春茶社为了配比精准，还订做了锡制量杯，这不就是一种匠人精神吗？

据说，富春茶社于20世纪60年代将“魁龙珠”的基本配方公布于众。一时间，扬州大小茶馆都卖起了魁龙珠，但不管如何，竟然还是“富春魁龙珠”最受欢迎。拿着同样的配方，怎么各家拼出来的茶味道不同呢？

原来所谓配方，也绝不可机械地重复。因为每年的茶甚至每批的茶都有细微不同，若是完全按比例照搬就是刻舟求剑了。

拼配，远没有想象的简单。

或者说，拼配的难度系数甚至高于纯料。

茶中使用拼配技术，是不是不该减分，反而该加分呢？

· 拼配之美

前不久讲课时，我贡献出了自己生熟普洱搭配的“秘方”。

三成生普洱，配上七成熟普洱，共入一壶，同时冲泡。

同学们回去尝试后，也都喝得顺口舒心。

有同学私下问我：“杨老师，您是怎么想出这么个配方？”

其实，还真不是受了“魁龙珠”的启发，而是从美食中得到的灵感。

大家常吃的鲜笋炒腊肉、小鸡炖蘑菇、陈年豆瓣鱼，不都是新老搭配吗？

新鲜的嫩笋，配上陈放的腊肉。

肥美的小鸡，炖煮风干的香菇。

丰腴的鳜鱼，佐以发酵的豆瓣。

顺理成章，那就可以用生普洱配上熟普洱喽。

三句话，又从茶桌绕回到厨房了。请同学们原谅我“亵渎”茶文化之罪。但两者之间，确有相通之处。

陈鲜对克，新旧交融，在互相抵消对方特质的过程中，融合出一个崭新的意境。

拼配，看似是野狐禅，实则符合中国传统的中庸之道。

拼配，巧妙地将中国儒家思想表现在一杯茶之中。

既难且深，绝可成为爱茶人一直探索下去的课题。

行文至此，顺带说一句，富春茶社的三丁包子也是必吃的名品。

鸡丁、肉丁加笋丁，一样是巧妙的拼配，一样是难得的美味。

看起来，拼配名茶魁龙珠出在富春茶社，绝不是偶然了。

爱吃之人，很容易懂茶。

懂茶之人，又多半爱吃。

那不管是爱吃之人，还是懂茶之人，大家也都不会介意拼配吧？

老北京花茶

· 北京与花茶

我是北京人，出于“私心”总想写一篇关于花茶的札记，却迟迟没有成稿。

不是没得写，恰恰相反，是想说的太多。

千头万绪，不知如何下笔。

同学总说我讲课，京味儿十足。

不如，就从北京的语言聊起吧。

言简意赅，是北京话的特点之一。

比如涮羊肉，北京话就直接说“涮肉”。

早年间的北京城，不流行吃肥牛。至于鹅肠、黄喉这样的食材，也都是随着四川火锅的流行才进京。

所以涮肉，指的肯定是涮羊肉。

再如芝麻酱烧饼，北京话会直接说“烧饼”。

不言而喻，北京的烧饼加的只有芝麻酱，不可能是花生酱、千岛酱、番茄酱。

所以烧饼，指的肯定是芝麻酱烧饼。

花茶，则是茉莉花茶的简称。

在北京提“花茶”，没有人会误以为您说的是玫瑰、皇菊、雪菊一类的花草茶。

上世纪五十年代 · 北京供销合作总社花茶包装袋（作者自藏）

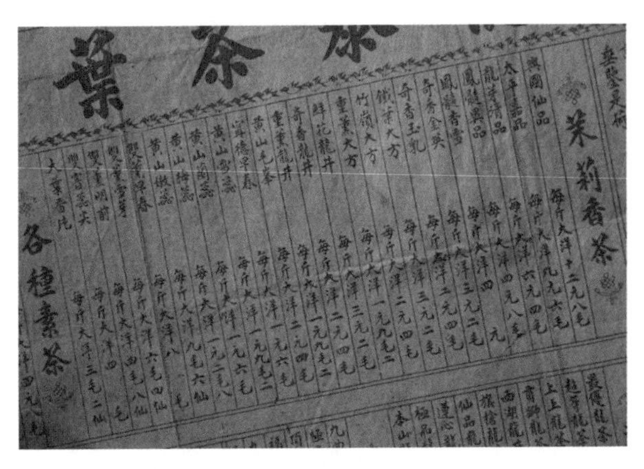

上世纪三十年代 · 北京吴德泰茶庄价目表（作者自藏）

在北京提“花茶”，也没有人会认为您说的是桂花茶、玉兰花茶、玳玳花茶等其他香花窨制茶。

在北京提“花茶”，指的就是茉莉花茶。

仅仅从茶名的排他性上，就可见花茶在北京城中的特殊地位。

所以我文章的题目，也依照北京语俗的习惯，称“花茶”而非“茉莉花茶”。

各位同学，莫怪我用词含混。

爱用儿化音，是北京话的又一特点。

至于哪里要用儿化音，则要看对事物的重视程度。

比如说“前门”，没用儿化音，专指的就是正阳门。

正阳门是北京内城的南大门，丝毫马虎不得，也绝不用儿化音。

要是说“前门儿”，那是用了儿化音，这里指的就是日常走的门了。

比如：各位乘客，请在前门儿上车，后门儿下车。

在北京话里，一定要说茉莉花茶或花茶，而绝不说“茉莉花儿茶”或“花儿茶”。

不加儿化音，透着北京人对花茶的一份格外尊重。

既无可替代，又格外重视，便是茉莉花茶在北京人心中的地位了。

· 水质改善剂

长期以来，在整个“三北”地区（即华北、西北、东北），茉莉花茶都十分畅销。

但我们却很少听到“老天津花茶”“老沈阳花茶”或“老太原花茶”的说法。

似乎花茶前面，只有冠以“老北京”三字才最为顺耳，也毫无违和感。

不知不觉间，北京城与茉莉花茶，早已融为了一体。

其实最早北京与花茶的结合，多少有点半推半就的意思。

这一切，都得从北京的水说起。

习茶人都知道，“水为茶之母”的道理。

再好的茶叶，也要通过水来诠释它的香甜。

反过来讲，再好的茶没有好水也玩不转。

早年北京城里的水井，苦水井居多。

一方面是当时科技水平有限，井打得不够深，取不到优质的地下水。所以直到有了深邃的洋井，北京的水质才有所改善。

另一方面，北京内城地下水质量本就不高，也是形成苦水井的原因。

套用一句广告语：“北京的水，很难有点甜。”

胡同里要是有口甜水井，那都是宝贝。现在北京王府井商业街周边，

茉莉花茶・干茶

上世纪八十年代·北京西城区零售商店茶叶包装纸一组（作者自藏）

还有一条大甜水井胡同。甜水井能用来命名胡同，说明这是一种稀缺资源，甚至稀缺到有了地标的作用。从这个角度讲，这条胡同也算是老北京人吃水难的一种体现了。清代学者王士祯在《竹枝词》中写道：

京师土脉少甘泉

顾渚春芽枉费煎

只有天坛石瓮好

清波一勺卖千钱

从中，我们可以看到京城缺少甜水，属于老大难问题了。

于是城里仅有的甜水井，可以说生意火到爆棚。各家府邸，用水车从各甜水井拉水。据说，“大甜水井”一处，每日可卖水费五十三两整宝一个。

清凉凉的井水，可以换成白花花的银子。

甜水井，俨然成了一座小金矿。

有些达官显贵的府邸，院内就有甜水井，那更是爱若珍宝。

像北京朝阳门内方家胡同的桂公府，院里就有一口甜水井。府主人是慈禧的亲弟弟，承恩公桂祥。按说桂公爷也算是见过世面的富二代，可他对这口甜水井也是爱护有加。

老年间，即使是贵族在北京想吃口甜水，都是件很奢侈的事情。

大致是 2010 年前后，我到桂公府出席活动，有幸品尝过这口老甜水井的水。说实话，口感非常一般，可能还真比不了瓶装的矿泉水呢。

可见，老北京所谓的“甜水”并不是真甜，其实也就是不那么苦而已。

至于那些家无甜水井、经济又很拮据的人家，就只能以二性子水代替甜水。

二性子水比苦水佳，但是水质又赶不上甜水，因此价位很适中。

那时居家儿的院里，向来备有两口水缸，一口缸贮苦水，另一口缸贮二性子。苦水用于浆洗，二性子水就用于吃喝了。

那时挑水的人，有专挑一种水的，也有兼挑两三种水的。老百姓按需购买，量入为出。

不管是苦水井、二性子水还是甜水，水质其实都不太好。口感咸涩，还都带碱味，直接喝实在难以下咽。

水如同空气一样，是人生活不可或缺的部分。

老北京人面对糟心的生活用水，也是绞尽脑汁改善水质。

在这样的背景之下，花茶有了用武之地。

有的人认为，北京人本身喜好喝茶。只是水质不好，泡不出绿茶的细腻，才退而求其次选择了花茶。

我认为，这种观点可能有些本末倒置了。

可能在最初，花茶就是作为一种“水质改善剂”来使用。

这也就解释了，为何茉莉花茶可以打败龙井、猴魁、碧螺春，在北京城站稳脚跟。

但如今北京的水质早已改善。超市里天南海北的矿泉水，也比比皆是。可茉莉花茶在北京的市场占有率，至今仍有百分之五十左右。

既然已经不用“水质改善剂”了，怎么北京还是最爱这口儿花茶呢？

· 花茶配烤鸭

由此可见，改善水质绝不是北京人选择茉莉花茶的唯一理由。

我们还可以从北京城的饮食文化入手，解析茉莉花茶长盛不衰之谜。

要说起北京城最具代表性的美食，前三甲应为烤鸭、涮肉、炸酱面。

这三样儿美食，共同之处有三点。

其一，火。

外埠的游客，进京必吃。

北京的百姓，居家常吃。

其二，配酱。

烤鸭，靠的是甜面酱。

涮肉，沾的是芝麻酱。

炸酱面，炸的是干黄酱。

其三，味重。

三样儿美食，都属于重口味派系。吃过之后，不管是口腔，还是肠胃，都需要一杯茶来滋润。

这时候，最搭配的就是花茶。

黑茶化油解腻，但却少了三分甘冽。

绿茶清爽宜人，但也缺了些许温润。

至于乌龙茶，口感极为细腻，却很容易让黄酱、麻酱、甜面酱抢了风头。

当然，凤凰单丛茶醇厚微涩，香留舌本，倒是不错的选择。可惜路途遥远，产量稀少，老年间的北京人也就没那份儿口福喽。

水质不好，只是茉莉花茶进京的一个诱因。

与北京城市饮食结构的完美契合，才是茉莉花茶长盛不衰的根本原因。

饮食之道，本是一体。

脱离了“食”，便没法谈“饮”。

毕竟，没有哪位高人，可以只喝茶不吃饭。

我的茶课，三句话不离开吃，道理也就在这里。

将茶文化从饮食文化中提炼出来，是一种进步。

将茶文化从饮食文化中孤立起来，是一种退步。

· 行走雅俗间

由于长期以来，饮花茶被误认为是一种权宜之计。以至于老北京花茶的文化感也被严重低估了。

甚至有的人会错误地认为：

茉莉花茶，与廉价茶为同义词。

饮茉莉花茶，与不懂茶划等号。

笔者收藏有一份民国时期的《吴德泰茶叶庄价目表》，从中可以看到老北京花茶不为人知的精彩一面。

吴德泰茶庄，旧时坐落于前门外大栅栏中段路北。开设于清朝初年，至民国时期已是有二百余年历史的老店。

说吴德泰茶庄为老北京茶业的领军者，也绝不为过。

笔者得到这份茶叶文献，也属机缘巧合。仔细梳理后，可以看出老北京花茶的三个重要特征：

一、花色齐全。

二、茶名清雅。

三、价格不菲。

先说花色。

价目表中，将茶分为六个板块，分别为：茉莉香茶、各种素茶、浙杭龙井、建湖红茶、普洱贡茶以及珠兰香茶。

其中，茶类名目最多的便是茉莉香茶，即如今我们所说的老北京花茶。中、高、低档合计，共有 24 种之多。

再说茶名。

兴国仙品、太平佳品、龙芽清品、凤髓异品、双熏雪芽、双窨香片……

没错，这些都是老北京花茶的名目。

看着这些清幽高雅的茶名，谁又能说花茶就是俗物呢？

至于价格，也是丰俭由人。

价目表中最便宜的花茶是“大叶香片”，售价每斤大洋三毛二。

价目表中最昂贵的花茶是“兴国仙品”，售价每斤大洋十二元八毛，与“最优龙井”价格相同。

如今炒作火热的普洱茶，在当时这张价目表里也有罗列。像高等级的“普洱春蕊”，也不过售价每斤大洋三元二毛而已。

顶级花茶与顶级普洱相比，价格整整高出了四倍。

又有谁能说茉莉花茶，不够讲究呢？

北京的花茶，可俗也可雅。

既可以阳春白雪，又可下里巴人。

北京城，有故宫、北海、颐和园……全都是皇家遗风。

北京城，也有扁担胡同、抽屉胡同、取灯胡同、羊毛胡同、小羊圈胡同……一水儿的平民味道。

北京，雅俗共存。

花茶，雅俗共赏。

茉莉花茶

这几年，我一直在担任央视科教频道美食纪录片《味·道》的顾问。审片子，就是我的职责所在了。

每次拍摄关于潮州与汕头的题材，摄制组总不忘拍几组潮汕人喝茶的镜头。

人人饮茶，天天饮茶，时时饮茶，是潮汕地区独特的生活习惯。

时至今日，我们将其统称为“潮汕工夫茶文化”。

与潮汕人相同，我记忆中胡同里的北京人都酷爱喝茶。

所不同的是，北京人喝的是茉莉花茶。

相同的是，茶瘾都极大。

早上一睁眼，刷牙洗脸过后，第一手活儿就是烧水沏茶。

茶器不讲究，罐头瓶子或搪瓷缸子都行。

但有一点必须满足，那就是茶器必须带盖儿。

原因何在？

因为那年头的人泡茉莉花茶，有二字秘诀；

一曰砸，二曰闷。

所谓“砸”，就是用烧开了的热水快速注入茶器——罐头瓶子。

20 世纪 80 年代 · 福建花茶包装纸（作者自藏）

至于“闷”，就是砸下开水后迅速盖上，直至热力浸透茶叶为止。

沏好闷透的茉莉花茶，既浓且酽。

痛痛快快地喝上一杯，老北京话叫“冲开龙沟”。

打这儿往后说，才谈得到吃早点的问题呢。

后来我发现，“三北”地区（华北、西北、东北）的人，大都有类似的生活习惯。

喜饮茉莉花茶的人，对茶的感情绝不输给潮汕人。

可为何只有“潮汕工夫茶文化”，却没听人提“茉莉花茶文化”呢?

大概还是潜意识里认为，茉莉花茶担不起“文化”二字吧。

茉莉花茶，对于我有启蒙之恩。我自当有义务，替茉莉花茶正名。今天，就来聊聊茉莉花茶的文化。

· 茉莉花香寓意美

放下茶，咱们先来说说茉莉花。

茉莉，本不是我国的本土植物。西汉年间，自西亚经印度传入中国。

这种植物名称的读音，本是外来语汉化的结果，从古至今倒是没有什么变化。

只是名字的写法，发生了很大改动。

李时珍在《本草纲目》中记载：

“稽含《草木状》作末利，《洛阳名园记》作抹厉，《佛经》作抹利，《王龟龄集》作没利，《洪迈集》作末丽。盖末利本胡语，无正字，随人会意而已。”

由此可见，这种外来植物的名字经历了几次改革。

像“末利”“抹利”“没利”“末丽”这些看似奇怪的字眼，说的都是今天的茉莉。

茉与莉两个字，出现的都很晚，并都只有花名这一种含义。也就是说，这两个字是专门为这种植物而造。

由此也可见，国人对于茉莉的喜爱。

茉莉花颜色洁白、香气浓郁。人们赞誉它品性高洁，有谦谦君子之风。

又加上“茉莉”二字谐音“莫离”，因此又成了男女之间的定情之花。

茉莉花茶，也被赋予了浪漫的色彩。

有一次，一位搞婚庆的朋友问我：婚礼上的改口茶，应该用什么茶呢？

自然是茉莉花茶。我答道。

有何讲究？对方追问。

“茉莉”谐音“莫离”，寓意白头到老，莫要离婚。

我本是一句玩笑话，他却深以为然。

据说每次给新郎、新娘转述我的解读后，对方都强烈要求，将茉莉

20 世纪 80 年代 · 峨眉牌成都花茶包装盒（作者自藏）

花茶作为婚礼的指定用茶。

除去浪漫，茉莉花更是不可多得的药材。

它浑身皆是宝，花、叶、根皆可入药。《本草纲目》中记载：

“茉莉花性辛甘温、和中下气、避秽浊、治下痢腹痛。”

由于茉莉花的药效，茉莉花茶也就具有了解表、通窍、去秽的功效。

更为重要的是，反复窨制的茶青已经发酵，具有温和的特性。

初冬时节，昼夜温差很大，偶染风寒是在所难免的事情。这时抓上一撮花茶，将烧至极沸的水高高直注于茶叶之上。然后盖上杯盖闷泡半晌后，一饮而尽。

我保证，通体舒畅。

· 王爷也爱喝花茶

至于茉莉花与茶是什么时候结合在一起的，至今没有明确的答案。

但若以为茉莉花茶够不上阳春白雪的舞台，那可是大错而特错了。

明初朱权的《茶谱》中，就记载了花茶的具体制作方法：

“百花有香者皆可，当花盛开时，以纸糊竹笼两隔。上层置茶，下层置花，宜密封固，经宿开换旧花。如此数日，其茶自有香味可爱。”

写下这段文字的朱权，可不是一般的文人墨客。他是明太祖朱元璋的第十七子，受封为宁王。

能让王爷写上一笔，可见“用花熏茶”是一种高雅的玩法。

可以说，花茶流行于明代上流社会之中。

一百多年之后，晚明著名戏曲家、文学家屠隆在《茶说》中详细记载了一个更有意思的玩法：

“茉莉花以热水半杯放冷，铺竹纸一层，上穿数孔。晚时采初开茉莉花缀于孔内，用纸封不冷泄气。明晨取花簪之，水香可点茶。”

敢情晚明文人觉得以花熏茶都不过瘾，干脆直接拿花熏水。

用茉莉花熏过的水再去点茶，味道想必差不了。

总之，茶与花的结合在明朝成为高雅的游戏。

· 茉莉花茶流派多

时至今日，“昔日王谢堂前燕”的茉莉花茶，早已经“飞入寻常百姓家”。

虽然常说“老北京茉莉花茶”，可其实，北京城既不产茶也不种茉莉花。

全国各地，如今茉莉花茶的重要产区大致还有如下几个。

首先，是以闽东、福州为代表的闽派。

20 世纪 80 年代 · 茉莉花茶老包装一组（作者自藏）

这一派的茶坯，选用的是产自闽东福鼎的烘青绿茶。

由于是福鼎大白、福鼎大毫的树种，所以做出的花茶带着一股特有的清甜。

在白茶没火的年月，福鼎就是以制作优质茉莉花茶而闻名于世。

现如今市面上有一些所谓“老银针”，看着很像年份白茶。可其实，都是当年“天山银毫”一类的茉莉花茶存货罢了。

喜欢收老白茶的人，倒是要格外小心。

其次，就是以长沙茶厂为代表的湘派。

当年火爆东三省的“猴王牌”茉莉花茶，就是这个流派的杰作。

这一派的茶坯，用的一律是炒青绿茶。

因此，茶汤浓酽，味道醇厚，略带涩口。

当年东北大型工厂的工人师傅，劳动强度很大。休息时喝一壶酽酽的“猴王牌”花茶，是一种莫大的享受。

再有，就是以成都为中心的川派。

与其他两个流派不同，川派茉莉花茶更注重保留茶本来的香气。

茉莉花香与茶香，属于搭配而不是融合。

力求相得益彰，不要彼此交融。

四川人喝花茶，不要过浓，讲究的是馨逸幽馥，香而不烈。

很多北方人尝试四川花茶，总觉得味道太淡，问题就是出在这里。

因此，川派茉莉花茶也称为“茉莉绿茶”，我认为倒也贴切。

除此之外，浙江、云南、贵州的茉莉花茶也都自成风格，篇幅有限，容不得我细聊了。

流派众多，风格不同。

茶无贵贱，适口为珍。

· 窨花次数有陷阱

虽说适口为珍，可有些茶商愣是要分出高低上下。

茉莉花茶，自然扯不上“古树”“高山”“老茶”这些概念。

于是乎，有些茶商开始主打“窨数”这张牌。

七窨、八窨、九窨……

我听说过一款茶王，据说是十三窨，可惜还没喝到。

以至于，您要是喝三五窨的茉莉花茶，好像就显得不上档次了。

茉莉花茶，是窨数越多越好吗？

回答这个问题前，我们得先聊聊“一窨”的完成。

制茶，从采茶开始。

窨花，从采花开始。

每年入伏天之后的茉莉，最适宜用来窨茶。

清早起来，十点前不能采花。

因为这时太阳没有升起来，还不能判断阴晴。

要是阴天，采下的茉莉花苞就没法顺利绽放，自然也就谈不到窨制了。

十点后，太阳完全升起，采茶也就可以开始了。

大约在下午六点前后，采回的茉莉花苞陆续进厂。

随后的两个小时，要用适宜的温湿度来诱导花苞的绽放。

这个过程，称之为“养花”。

晚上的九点到十点间，茉莉花苞陆续绽放。等到花瓣打开成“虎爪状”，就可以开始窨茶了。

“茶花拌合”之后，厂子里的门窗全部要紧闭。

无处可逃的茉莉花香，最终一股脑地都钻进了茶坯当中。

凌晨二点左右，窨花已接近五个小时。

花苞由于绽开，释放出大量热量，茶花的混合堆头温度不断升高。

这时候，一定要把堆头打散，将热量释放，美其名曰“通花”。
等到堆头降到室温后，再进行二次续窨。
直到第二天早晨九点左右，将吐尽香气的茉莉花取出。
至此，一窨工序大致完成。
前后用时共计 24 小时。
“一窨”就需要如此大费周章，那要是“九窨”岂不是极为名贵？
答：不一定。
商家如今过分强调“窨数”，其实只是一种噱头。
因为这里面，没有考虑“下花量”的因素。
所谓“下花量”，就是茶与花的比例。
我们来算一道数学题，大家就都明白了。
100 斤茶坯，配合 40 斤茉莉鲜花。以此比例，窨制 9 次。
100 斤茶坯，配合 80 斤茉莉鲜花。以此比例，窨制 6 次。
窨制 9 次，看似费工，其实用花 360 斤。
窨制 6 次，看似省工，其实用花 480 斤。

因此，这款六窨花茶，香气滋味一定还是会优于那款九窨花茶。
由此可见，窨制次数，绝不是判断一款茉莉花茶好坏的绝对标准。
喝茶，不要靠眼睛，即只看外观。
喝茶，不要靠耳朵，即只听宣传。
一切，还是要以茶汤为中心，展开理性的判断。
喝茶，要走心。

清末北京东鸿记茶庄茶叶盒（作者自藏）

高碎茶

· 花茶被轻视

“饮茶札记”的专栏，开设已经有一段时间了。

我是北京人，按说早就应该写写茉莉花茶。

犹豫再三，却迟迟没敢动笔。

为什么？

因为一旦写起来，就刹不住车了。

聊起茉莉花茶，难免滔滔不绝。

已经写了两篇，还没说痛快。

没办法，再写第三篇。

其实，聊的已经不只是茶事，而是满满的回忆。

茉莉花茶，早就融入到了我们的日常生活当中。

可能也是因为离我们生活太近，这些年茉莉花茶反倒被轻视了。

家家都有，人人都喝。

既不新奇，也不昂贵。

爱喝茉莉花茶的人，会被人认为甚至自认为是不会喝茶的表现。

这就怪了！

日常的口粮茶，就要低人一等？

花哨的礼品茶，就能更胜一筹？

我看未必！

长久以来，人们低估了茉莉花茶的文化感和重要性。

借着我这《茉莉花茶三部曲》，也算是重新梳理一次吧。

· 高碎是情怀

在茉莉花茶当中，“高碎”是被人误解最深的一个品类。

我倒要唱唱反调，单独为“高碎”写上一篇札记。

茉莉花茶中的“高碎”，名字起得就不够高级。

凡是茶名里沾上“毫”“尖”“峰”，听着就知道是细嫩芽茶。沾了个“碎”字，身价也跟着一落千丈了。

好像只有穷人，才会专门去买装茶剩下的末子。

有时候人们自谦时也会说：“茶不好，就是高碎，您凑合喝。”

可其实，“高碎”绝不是廉价茶的代名词。

不是什么茶都配叫“高碎”！

据北京茶叶总公司的老前辈跟我讲，旧时的高碎非常讲究。并不是什么茶叶末子，都能叫高碎。

享誉华北的京华牌茶叶，当时将产品分了十个编号，其实也就是十个等级。

按价格依次排列，1 号最低，10 号最高。

20 世纪 80 年代时，京华茶叶价格大致如下：

1 号茶 6 元 / 斤

2 号茶 8 元 / 斤

3 号茶 10 元 / 斤

4 号茶 12 元 / 斤

5 号茶 15 元 / 斤

6 号茶 20 元 / 斤

7 号茶 25 元 / 斤

8 号茶 30 元 / 斤

9 号茶 40 元 / 斤

10 号茶 50 元 / 斤

1 号茶与 10 号茶间，价格相差将近十倍。

而所谓“高碎”，是高档茉莉花茶碎茶的简称。

因此，一般只有京华 5 号以上水平的茶筛下的碎茶才可以叫作“高碎”。

那时的正经“高碎”，不管是香气还是汤色都没得说。

很多人买高碎根本不是为了省钱。只是习惯了高碎的浓郁口感，割舍不下罢了。

喝高碎的人，不是不懂茶。

喝高碎的人，其实特懂茶。

营销软文，故事传说，都不能打动他们。

华丽包装，宣传噱头，都不能影响他们。

他们喝茶，是真正以“茶汤”为中心。

好喝的茶，才是好茶。

· 高末与茶土

至于低档次茶筛下的碎茶，或是整度不如高碎的茶末，则一律成为“高末”。比起高碎，高末就要差上几个等级了。有些饭店，招待用茶多采用这种“高末”。

若是比高末等级再低，那就是“茶土”了。这种茶土实在太碎了，几乎看不到叶子。说起来，还真是容易达到“石碾轻飞”后“瑟瑟尘”的效果。

其实这两种茶，更考验冲泡手法。

泡好了，颜色紫红，潋滟可爱。茶汤饱满程度，也绝非一般花茶可比。

可一不留神呀，沏出来颜色如同酱油一样，味道苦涩不堪。

但在我小时候生活的胡同里，有一些老人还就偏爱这种茶。

他们会用“高末”或“茶土”，沏一种浓且酽的茶卤。

想喝的时候，茶杯里倒三分之一的茶卤，然后兑入开水。

浓度适合，茶香蕴存，常保芬馨。

如今我讲课时，也常常教同学们制作“浓缩茶”。等到客人上门后，兑上开水马上可以饮用。

这种“浓缩茶”待客法，人数越多时，优势越明显。

同学们反馈说，比起手忙脚乱地给十多个人泡茶，这样的办法就从容多了。

其实这种泡茶法的思路，都是受胡同里爱喝“高末”的老人启发。

谁又能说，喝“高末”就是不讲究呢？

· 碎茶又何妨

总之，高碎、高末、茶土，三者之间泾渭分明。

不仅价格不同，品饮的心态也大相径庭。

现如今很多人将其混为一谈，不利于大家理解茉莉花茶的文化。

西方人喝茶，讲究一次萃取，不反复冲泡。

因此他们和“茶圣”陆羽一样，会故意将茶切碎，使得茶中内含物质快速析出。

喝惯了红碎茶，反而觉得咱们的工夫红茶不够浓强。

就如同喝惯了“高碎”的老人，真是连京华 10 号都看不上。

茶叶外形，永远要服从于口感。

为了口感，我们可以破坏茶叶整洁的外形。

唐宋之时，为了口感会故意将茶弄碎。这种做法即是以口感为主导的典型代表。千年之后，仍值得今天爱茶人借鉴与学习。

但反过来，为了外形而牺牲口感，就得不偿失了。

像“高碎”这样的茶，长期被误解为低档茶。

其原因，就在于很多人“以貌取茶”。

如今挑选茶叶，“整碎程度”仍是一个重要的评判标准。

条索完整，价高。

碎末众多，价低。

这是卖茶人的逻辑。

不是爱茶人的准则。

碎也好，整也罢。

嫩也好，老也罢。

芽也好，叶也罢。

茶泡给自己喝，而不为给外人看。

其实真正喝懂“高碎”的人，也可算是茶汤忠实的信徒了！

· 情思大碗茶

与“高碎”一起被误解的，其实还有“大碗茶”。

高碎茶，是茉莉花茶的独特形态。

大碗茶，是茉莉花茶的独特饮法。

有时候，二者还有交集。

毕竟，高碎也是泡大碗茶的理想选材嘛。

他们出身近似，都是茉莉花茶文化的一部分。

如今命运相同，都错归为“不入流”的行列。

幸好在京味儿歌曲里，还有一首《前门情思大碗茶》。

的确，大碗茶是很多老北京人的美好记忆。

有时候，这种回忆甚至升级成了乡愁。

旧时卖大碗茶的小贩，可以说遍布了街头巷尾。

除去城里，在奔往京郊的各条要道之上也设有茶摊。

沏大碗茶的器具，不是景德镇的细路瓷器，更不是宜兴的紫砂，而多是北方窑口烧制的大瓦壶。

上世纪八十年代·茶叶罐（作者自藏）

上世纪八十年代 · 福鼎茶厂茉莉花茶香炉罐（作者自藏）

老舍先生话剧《茶馆》中，就有这样的对话：

秦仲义：你这小子，比你爸爸还滑！哼，等着吧，早晚我把房子收回去！

王利发：您甭吓唬着我玩，我知道您多么照应我，心疼我，决不会叫我挑着大茶壶，到街上买热茶去！

秦仲义：你等着瞧吧！

这里王掌柜要挑着的大茶壶，就是卖大碗茶的器具。

王利发是茶馆的大掌柜，地位要比挑着大茶壶卖大碗茶的小贩高出不少呢。因此，王掌柜才能拿“挑大茶壶”来开玩笑。

这种大茶壶多是绿色，与家里和面的绿瓦盆如出一辙。

著名民俗专家、火花收藏家吕春穆老师，与我是忘年交。老先生家中，就收藏有这样一只大瓦壶。我曾经拿尺子量过，高度足有五十公分，估计沏上一壶够伺候百八十个人喝茶的了。

虽说是下里巴人的饮法，但大碗茶可是老百姓不可或缺的饮品。

不管是赶路的商旅，还是闲逛的游人，口干舌燥之时来上一大碗香甜的茉莉花茶，可以说是如饮甘露。

在没有 711 和好邻居的年代，大碗茶摊儿可以说是行路人的福音。

喝上一碗大碗茶，顺便还能歇歇腿脚，一举两得。

如今您在北京想喝碗大碗茶，只能去前门的老舍茶馆了。

原汁原味儿的“老二分”大碗茶，如今仍在售卖。

只是原来的大瓦壶，已经被不锈钢桶代替。

价格，仍然是二分钱一碗。

希望那份平易近人的茶文化，能够一直保留下去吧！

一大碗香甜的茉莉花茶，给太多人带来过快乐。

品一小杯普洱，可以收获一份快乐。

喝一大碗高碎，也能收获一份快乐。

这两份快乐，孰高孰低？

答：没有高低。

卖茶的价格，有高有低。

饮茶的快乐，同样可贵。

世间，只有不走心的饮茶人。

世间，没有不入流的饮茶法。

· 后记

每一位爱喝茉莉花的人，都自谦说不懂茶。

可他们却无一例外都给予茶事以极高的热情。

每个人，都有一套泡茶的套路。

每个人，都有一套选茶的法门。

每个人，都是不可一日无茶。

茉莉花茶的语境里，不说品茶、饮茶，而一定要说喝茶。

品茶、饮茶，好像总是浅尝辄止。

喝茶，却是两眼一睁，喝到熄灯。

即使是貌不惊人的高碎，仍能喝出花样。

一点一滴咂摸下去，还得就着茶汤品评一番。

那神情，那气度，那认真劲儿，犹如面对着一壶极品龙井。

最寻常处，往往隐藏着最不寻常的精彩。

在最寻常处，讲究出不寻常来，要靠深厚的文化积淀。

茉莉花茶，便将这种“寻常之处见不同”的生活态度，体现得淋漓尽致。

善于在寻常生活中发现精彩，是天下爱茶人的专长吧！

澳门参茸庄里的陈年柚子茶

大红柑普

才春天没多久，竟然说热就热。天气一热，夜宵饭局也越来越多。烤串、火锅外加小龙虾，一顿接着一顿。吓得我赶紧翻箱倒柜找出了大红柑普。

饭桌上拿出来，本是想给大家解解油腻，没想到反引起一番讨论。

一位朋友率先夸赞："杨老师就是厉害，你们看看，人家喝的小青柑个头真大！"

"不光个大，颜色好像也和小青柑不太一样耶！"另一位朋友补充道。

我心里暗想：可不是不一样嘛，大红柑与小青柑根本就是两种茶嘛！

这种差别，可不光是大与小的问题。

其实不管是大红柑，还是小青柑，都是茶与柑果皮的结合。而说起茶与柑橘果皮的结缘，在世界首部茶学专著《茶经》中便有记载。《茶经·六之饮》中写道：

“或用葱、姜、枣、橘皮、茱萸、薄荷之等，煮之百沸，或扬令滑，或煮去沫。斯沟渠间弃水耳，而习俗不已。”

文中明确指出，橘皮与茶可搭配在一起煮饮。虽然“茶圣”陆羽批评这种行为不入流，但他也感叹“习俗不已”。由此可见，橘皮配茶的做法兴起于“前《茶经》”时期。到了陆羽生活的唐代中期，仍然非常流行。

但要注意，这时还只是简单地将橘皮与茶搭配在一起，并不做任何工艺上的再加工。这样的混搭，一直延续到了 20 世纪 90 年代。

据原广东省茶叶进出口公司副总经理桂埔芳老师回忆，国营时代曾有大批“橘皮普洱”出口。所谓“橘皮普洱”，即是将橘皮切碎后掺入普洱茶中，两者搅拌均匀后即可分装出货。不得不说，这种做法颇有《茶经》遗风。

出口产品“橘皮普洱”与“大红柑普”都是果皮与茶叶的搭配。但两者在工艺及风格上，却又有着很大的不同。

“橘皮普洱”是将果皮切碎拌入茶中，再以散茶的形式销售。而如今的“大红柑普”，则是将大红柑掏空后填装普洱茶。最终的成品，是一颗一颗饱满的果实。

果中填茶的做法，并非广东新会首创。这种工艺，最早起源于闽南地区。

闽南一带流行一种柚子茶。就是把成熟的柚子掏空，然后在里面塞上乌龙茶。经过所谓“九蒸九晒”，制好后再进行陈化。喝的时候，取

柑韵普洱

一些茶叶再掰一些柚皮一起冲泡。止咳化痰，效果很好。

20 世纪，很多农村地区的家庭，虽未贫至无衣食之地步，但果腹御寒之外，几乎又什么都没有了。若头疼脑热，真的就是以茶为药。这种“柚子茶”一般不作为商品，而是老人给自己儿孙们做的“良药”。以至于很多闽南人一提起这种茶，总是想到自己的爷爷奶奶。

新会地区，本只出产陈皮。但自 2010 年前后，开始效仿闽南柚子茶，在红柑中填塞普洱茶，做成柑普茶。

比起之前出口的“橘皮普洱”，大红柑普茶不光造型有变化，工艺上也有了质的提升。

之前的做法，只是将橘皮切碎后与普洱简单混合，最多只能算是拼配。而大红柑普，则是将陈年普洱茶装入到掏空的柑果内，再以晒烘结合的

小青柑

方式干燥。之后入库封存数年，使得果香与茶韵进行结合。

不同于拼配，大红柑普的工艺更类似于“窨制”。

与北方常喝的茉莉花茶类似，大红柑普的制作也利用了茶叶良好的吸附性。茶叶为疏松多孔物质，内部有很多细微小孔。微观环境下看，有点像人的毛细血管。这些细微孔洞，容易吸附空气中的水汽和气味，是物理吸附的基础。

除此之外，茶叶内含有棕榈酸和萜烯类等成分。这类物质本身没有香气，但具有较强的吸附性能。他们可以吸附空气的各种味道，具有“定香剂”的作用。

家里的茶叶，一不留神就会串味变质，也是上述原理所决定。

要说制茶人实在聪明，总能化腐朽为神奇。茶爱吸味，本是让人头痛的事情。匠人却巧妙利用茶的吸附性，让其远离异味而亲近香气，从而做出各种样式的再加工茶。

大红柑普的制作，便是利用了这一原理。

当年出口的“橘皮普洱”，多是销往欧美市场。洋人嗜香，因此多选用新鲜果皮掺于普洱中。这样的茶乍一闻香高，但实则香不入水，销给西方市场也就罢了，却绝难俘获爱茶人的味蕾。

上等的大红柑普，应采用“三陈”的工艺。所谓“三陈”，即用年份陈茶，配以正宗新会陈皮原料，两者结合再加以时间陈化。“三陈”结合，方能彰显大红柑普的魅力。

由于是成熟果实装填，因此一般大红柑普的重量都要在 30g 上下。可别一次都丢进茶壶，那就要闹笑话了。以 150ml 壶为例，取 6g 茶再掰上 2g 陈皮一同冲泡即可。

沸水冲泡，茶汤色泽深紫，又泛着一丝酒红。茶汤划过口腔，能够感受清淡的柑子气味，细腻而持久。繁复多变的馥郁果香，刚好可以将陈年普洱醇而无香的口感加以平衡。宜人的果酸，将茶的甘甜修饰得更富有层次感。

不愧是陈年茶加上陈皮，口感结构扎实，醇黏酽甜，又非一般普洱茶可比了。

现在流行的小青柑，虽也是果内填茶，但却不具备“三陈”的特性。干茶倒有果香，但茶汤却味道单薄，气若游丝。

两者相比，高下立判。

我平日饮茶，只喝大红柑而拒绝小青柑。

一方面，二者口感殊异。更为主要的是，青柑与红柑功效天差地别。

日常教学中，很多同学都会问我茶与健康的话题。什么体质喝什么茶？什么季节喝什么茶？什么病症喝什么茶？

我总劝大家，喝茶时心态大可放松。

茶有药性，但不可当药去看待。

所以我们喝茶得去茶店选，而不能去药店买。

茶性温和，不可能马上治病。

柑普茶，则更具备药效。为何？因为橘皮自古便被医家关注，是一味地地道道的药材。《神农本草经》中记载：

“橘柚味辛，温。主治胸中瘕热逆气，利水谷。久服去臭，下气通神。一名橘皮。生南山川谷。”

先人起初对于橘皮的认识较浅，只是说出其具有药效，但青红柑没有加以区分。不管是青柑还是红柑，两者皆是药材，都称橘皮。《神农本草经》，使中国人知道了它的药用价值。

由于用药的发展，橘皮出现了黄橘皮（陈皮）、青橘皮（青皮）之别。陈嘉谟《本草蒙筌》记载：

“青皮，陈皮一种……因其迟收早收，特分老嫩而立名也。”

理论上，青柑与红柑属于一个树种。这有点像白毫银针和白牡丹、寿眉之间的区别。根据老嫩程度，有了不同的命名。

不光名称不同，二者的功效上也有很大差别。这里面涉及中医药理学知识，我不敢妄言。凑巧我的学生张楚楚为北京中医药大学中医专业硕士研究生。我请她帮忙收集中医文献，梳理清楚青柑与红柑之别。

小青柑虽为晚近出现之品种，但我国中医对于青柑的利用却由来已久。据《本草经疏》记载：

“青皮，性最酷烈，削坚破滞是其所长，然误服之，立损人正气，为害不浅。凡欲施用，必与人参、术、芍药等补脾药同用，庶免遗患，必不可单行也。”

由此可见，青皮确是一味药材。换言之，以青皮为原料的小青柑，也具有一定的药效。作为一味药材，青皮有着自己独特的药性。要喝小青柑，一定要了解清楚药效后再饮。

据文献记载，青柑性最酷烈、削坚破滞。在中医临床应用中，小青柑的原料青皮具疏肝破气、消积化滞之功，用于胸胁胀痛、疝气、乳核、乳痈、食积腹痛等症。经典名方如木香顺气散、青皮丸、枳壳青皮饮和大应丸中均有青皮。

由此可见，小青柑看起来很可爱，实则其中暗含着一剂猛药。

大红柑普所用的陈皮，有理气健脾、燥湿化痰之功，用于胸脘胀满、食少吐泻、咳嗽痰多种症。经典名方如二陈汤、苏子降气汤、六君子汤、温胆汤、平胃散等均以陈皮为主药。

青皮与陈皮不能同日而语，小青柑与大红柑绝不能混为一谈。

很多茶商冒用文献，混淆视听，将陈皮与青皮的效果混为一谈。他们把青皮、陈皮所有的药效一股脑都归于小青柑名下，这显然有夸大宣传、混淆视听的嫌疑。但只要翻阅中医文献，就会发现二者差别不言而喻。

若真是说温味健脾，强胃消食，燥湿化痰，那还得是饮大红柑普才行。再加之陈皮性温和，老少皆宜，适应人群更为广泛。小青柑偶尔为之无伤大雅，但若把中药“青皮”当口粮，我想就是大夫也不能答应吧！

喝茶，虽是随心，但不可马虎。也要讲求科学的态度，总不能因为喝茶伤及了身体。

本是想聊聊我的饭局护身法宝大红柑普，却又不得不写几句茶界热点小青柑。

桂花龙井

· 秋天的味道

今年中秋节，助教粒粒给我寄来了两盒桂花糕。

东西收到，我赶紧发信息，报平安。

她问我：有没有吃到“秋天的味道”？

秋天是什么味道？

对于南方的同学来说，应该就是甜甜的桂花香味吧？

中国是农业大国，历代看重气候的变化。

因此，一年先是分成了十二个月。再细分一次，变成二十四节气。每一个节气，其实还可以再分为三候。一候是五天，全年共计七十二候。

今天打开手机，什么月份呀，日期呀，节气呀，都是一目了然。但是古人可没有高科技，算计月份没那么容易。

好在大自然贴心，到时候会及时提个醒。

怎么提醒？

全靠花。

花，仿佛是与人们定了不见不散的约会。

年年岁岁，定期绽放。既不提前，也不错后。

花，看似默默无语。

花，实为守信君子。

因此，观察花开花谢，便是最好的日历了。

“以花计月”的文化传统，在邻国日本至今还有保留。

例如，在日本二月称“梅见月”，三月称“樱月”，九月便称“菊月”。这都是以“花信”为依据，给各个月份起个有诗情的名字。

这套实用的“花语”，有助于人们掌握天时变化。

这套别致的“花语”，更似是人与自然之间达成的万世默契。

花有信，千百年来不曾失约。

我国自古以来，也有以“花信”命名月份的习惯。只是中国幅员辽阔，气候各不相同，花期也不能一致。以至于，中国“十二月花”也存在着几种版本。

其中最为常见的是：

“一月梅花，二月杏花，三月桃花，四月牡丹，五月石榴，六月莲花，七月葵花，八月桂花，九月菊花，十月芙蓉，十一月山茶，十二月腊梅。”

农历八月，正是桂花的“主场”。

桂花糕，自然也应该有“秋天的味道”了。

· 北京无桂花

我可以从文化层面去体会桂花糕里的秋意。却很难在实际生活中把桂花和秋天联系在一起。

原因很简单，北京秋季无桂花。

北京虽无桂花，但却有与桂花相关的地名。

例如，地铁一号线有一站就叫“木樨地”。如果去首都博物馆参观，在这里下车最为方便。南三环上还有一处叫“木樨园”，离着永定门古城楼，只有几分钟车程。

木樨，本是桂花的别称。

那么，北京的木樨园、木樨地，是不是当年便是桂花盛开的地方呢？

并非如此。

原来，北京地名里的“木樨”，其实是“苜蓿”的雅化称呼。别看发音接近，这两种植物可是天壤之别。

木樨，是老饕的最爱。

苜蓿，是骆驼的饲料。

原来旧京的运输业，多靠骆驼充当脚力。老舍先生的名篇《骆驼祥子》，描述的就是这个时代背景。骆驼的口粮，主要就是苜蓿。时间久了，便在城西和城南的荒地处，形成了两片专种苜蓿的地方。

后来骆驼也不喂了，倒是留下了地名。“苜蓿”不雅，便借着谐音改称“木樨”。这便是北京“木樨园”和“木樨地”的来历。

北京不产桂花，但是菜品种却经常出现“桂花”二字。

例如，旧京饭庄同和堂，就有一道镇店名菜“炒桂花皮渣”。只可惜，此桂花也非彼桂花。

北京是明清两代的帝都，因此一直生活着一群特殊人群——太监。远了不提，今天举世闻名的中关村，其实就与太监有着密不可分的关系。

“中关”二字，其实是“中官”的谐音。而“中官”，便是指宦官。所以高新技术区中关村，其实便是坐落在明代“中官”的集体公墓之上。

因为宦官多，所以“鸡蛋”俩字在北京几乎是不用的。别的地方，还容易避免。但是饭店里，“鸡蛋”俩字太常用了，实在不好规避。

于是乎，北京城出现了大量关于“鸡蛋”的别称。

例如，用作蒸菜底垫时，鸡蛋被叫作“芙蓉”。要是煮面加个鸡蛋，则叫“卧果”。要是汤里加鸡蛋，则叫“甩果”。一般炒菜加的鸡蛋，就叫作“桂花”。

老饭庄同和堂的名菜“炒桂花皮渣”，其实就是鸡蛋炒猪皮渣。与香甜的桂花，毫无关系。

归根结底，北京老馆子里，用的只是“文化的桂花”罢了。

· 茶中加桂花

北京虽然没有桂花，但我却领略过南方秋日里桂花的魅力。

有一年秋天，我到粤北韶关市翁源县，拍摄央视科教频道的一档美食纪录片。从北京离开时，多少就有点感冒，连飞机再汽车的又折腾了一天，到酒店时就开始发烧了。

但拍摄进度不等人，第二天一早就要开工。在酒店晕头涨脑的出来，扑面而来的便是一股子桂花香气。

原来酒店周遭种满了桂花树。

桂花的香，带着一种明显的甜。

不是甜蜜蜜。

而是甜腻腻。

桂花的甜感之强，已经到了可以提神醒脑的程度。

那几天在翁源的拍摄，只要感觉萎靡不振，就赶紧趴在桂花丛中猛嗅一阵。

那次的粤北拍摄，主要就是靠“吸食桂花”度日。

回北京之后，虽没了桂花树，好在还有桂花龙井让我解馋。

众所周知，杭州以龙井茶闻名。但很少有人知道，杭州的市花是桂花。龙井与桂花的结合，可谓是“最杭州”了。

桂花入茶，古已有之。

桂花配茶，更是西门庆的最爱。

《金瓶梅词话》中，加了桂花（即木樨）的茶不在少数。我粗略统计，罗列如下：

· 盐笋芝麻木樨泡茶

· 木樨金橙茶

· 木樨芝麻熏笋泡茶

· 八宝青豆木樨泡茶

· 芝麻盐笋栗丝瓜仁核桃仁夹春不老海青拿天鹅木樨玫瑰泼卤六安雀舌芽茶

这些茶好喝不好喝我可不知道。但是这些茶名，倒是怎么看都像是黑暗料理。

抛开口味，聊聊工艺。

从《金瓶梅词话》的记载看，茶中加桂花（即木樨），起码在明代就很流行。

加的方法，基本都是泡好后放进去。相当于英式下午茶，往红茶里加方糖和炼乳。

这时的桂花，还是一种调味品，并没有与茶融为一体。

桂花龙井，则是窨制而成。

它将花与茶的关系，又拉近了一步。

· 桂花龙井茶

每年春季，杭州的茶农都会刻意留出一部分龙井，作为桂花龙井茶的底料。

到了初秋，茶农们将初绽的桂花收集起来，与之前保留的龙井一起窨制。巧用茶叶的吸附性，让茶吸收桂花的甜香。

由于桂花的花期短，因此一般只采用“一窨一提”的手法。

所谓“一窨一提”，即每 100kg 茶坯，一般配花量为 20–25kg。其中窨花用 20kg，提花用 5kg。

当然，桂花用得少，成本便可降低。只是桂花龙井的味道，便要大打折扣了。

窨花之后，还要复火干燥。所以比起一般绿茶，桂花龙井茶汤更为温和贴心。喝起来倒是不必担心过于寒凉伤胃了。

现如今，金凤荐爽，初透嫩凉。倒是最适宜找出一只盖碗，以绿茶冲泡法，投 2g 桂花龙井，沸水冲泡，浅尝一份秋意。

桂花龙井，柔黄映碧，泡前可先赏玩一番。

干香甜腻，沁人肺腑，饮时应再深嗅两口。

味清而隽，香而不黏，回味方显绕梁三日。

只是要注意，再好的窨花茶，也是花香为宾，茶味为主。

理应，宾主相宜。

不可，喧宾夺主。

因此上，上等的桂花龙井，还是讲究“三分桂花甜，七分龙井香”。

现如今，西湖边上的一些旅游景点，也热卖“桂花龙井”。

有一次学生买回来，沸水冲泡，桂花味道浓到刺鼻，弥漫得整个楼道里都是。毫不夸张，绝对称得上是“十三分桂花甜，毫无龙井香”。

他问我：“是何原因？”

答：八成不是窨制，而是喷了香精。

桂花守信，八月必开。

世人无信，瞒天过海。

图书在版编目（CIP）数据

中国名茶谱 / 杨多杰著 . —武汉 : 华中科技大学出版社 , 2019.10

ISBN 978-7-5680-5654-0

Ⅰ . ①中… Ⅱ . ①杨… Ⅲ . ①茶文化 – 中国 Ⅳ . ① TS971.21

中国版本图书馆 CIP 数据核字 (2019) 第 196278 号

中国名茶谱 杨多杰 著

Zhongguo Mingchapu

策划编辑：杨　静　陈心玉
责任编辑：陈心玉
摄影编辑：周静平
封面设计：施雨欣
版式设计：璞　间
责任校对：刘　竣
责任监印：朱　玢
出版发行：华中科技大学出版社（中国・武汉） 电话：（027）81321913
武汉市东湖新技术开发区华工科技园 邮编：430223
录　排：华中科技大学惠友文印中心
印　刷：中华商务联合印刷（广东）有限公司
开　本：880mm × 1230mm 1/32
印　张：8.5
字　数：227 千字
版　次：2019 年 10 月第 1 版第 1 次印刷
定　价：69.00 元